DES

RÉCOLTES DÉROBÉES

COMME FOURRAGES ET ENGRAIS VERTS

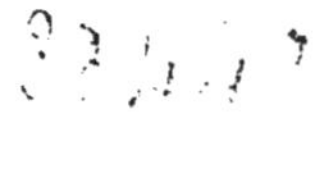

PARIS. — IMPRIMERIE DE J.-B. GROS

RUE DES NOYERS, 74

DES
RÉCOLTES DÉROBÉES

COMME FOURRAGES ET ENGRAIS VERTS

EN GÉNÉRAL

ET

CULTURES

DE LA

MOUTARDE BLANCHE

du Sarrazin et de la Spergule

EN PARTICULIER

PAR **J. A. G.**

PARIS

LIBRAIRIE CENTRALE D'AGRICULTURE ET DE JARDINAGE

QUAI DES GRANDS-AUGUSTINS, 41

— Auguste GOIN, éditeur —

1856

AVERTISSEMENT

La Société d'agriculture du département de la Seine-Inférieure conseillait, dès le commencement de 1854, la culture de la moutarde blanche comme fourrage d'arrière-saison, en indiquant sommairement les soins et les travaux nécessaires. Ce conseil engagea l'auteur dans l'étude de cette plante et dans la recherche des opinions des divers auteurs français ou étrangers, sur ce sujet. Tel est l'origine du petit livre qu'il a l'honneur de présenter au public agricole en lui demandant toute son indulgence : ce qui suit est plutôt un recueil de notes et de matériaux étrangers qu'un traité ex-professo. Si ce travail peut engager des hommes plus compétents et plus capables à étudier ce sujet, le traducteur se trouvera suffisamment récompensé par le bien qui en résultera pour l'agriculture nationale. Le seul mérite auquel il puisse prétendre, à part quelques notes personnelles, est celui de traduction et d'arrangement de matériaux épars, il a voulu éviter à ses lecteurs le travail des recherches qu'il a dû faire pour lui-même.

INTRODUCTION

But de l'ouvrage

Dans toute exploitation agricole, le but définitif consiste dans la production

DE MATIÈRES VÉGÉTALES : *Céréales* pour la nourriture de l'homme, *plantes textiles* pour ses vêtements, *graines oléagineuses, plantes tinctoriales*, etc., etc., pour les besoins de l'économie domestique ;

DE MATIÈRES ANIMALES : viande, suif, lait, beurre, fromage, laine, etc.

Or, tous ces produits sont obtenus aux dépens du sol et, chaque année, exportés de la ferme, ils enlèvent par conséquent une partie de la richesse du sol, qu'il est indispensable de lui rendre sous la forme de FUMIERS *organiques ou minéraux*, *obtenus sur l'exploitation même* par l'élevage de diverses races d'animaux domestiques, ou *achetés au dehors*.

Les produits du sol (grains, viande ou lait) consommés par les hommes ; ceux qui servent dans les arts ou l'économie domestique ; ceux dont sont nourris les animaux, reviennent dans le sol sous la forme de déjections, de débris de toute nature, mais non toujours *entièrement*, c'est-à-dire que dans ce cercle de transformation, *terreau et sels* du sol en herbe, RACINES OU GRAINS, — puis EN VIANDE, LAIT OU LAINE, puis enfin en fumier, ou engrais, qui recommencent la série précédente de transformation, il y a toujours une certaine PERTE dont souffre le sol chaque année : celui-ci doit donc s'appauvrir de plus en plus ; car les cadavres enfouis, les débris jetés aux rivières et entraînés dans l'Océan, les parties volatilisées dans l'atmosphère, etc., sont autant de pertes qui se renouvellent chaque année aux dépens du sol.

Ces pertes sont-elles réelles? Non, pour l'ensemble de l'univers, où *rien* ne se perd, par cela même que rien ne se détruit et que tout se transforme. Mais pour l'agriculteur, oui. Car le retour *aux terres en culture*, des matières animales enfouies dans les sols non cultivés, des débris noyés ou dissous dans l'Océan, des matières dispersées dans l'atmosphère, ne peut se faire le plus souvent que très-longtemps après et d'une manière indépendante de la volonté du cultivateur ; c'est le secret de Dieu qui pourvoit à toutes ces transformations. Comment parer à ces pertes, dans les limites de la puissance humaine : — par *l'irrigation*, avec l'eau des courants qui entraînent à l'Océan une masse si considérable d'engrais de toutes sortes ; par le *drainage* qui, en rendant le sol perméable, empêche le durcissement de sa surface, et par suite diminue la rapidité des courants d'eau de pluie, sur les pentes, d'où elles entraînent les parties fines et solubles des terres et les engrais jusque dans les cours d'eau ; — par *l'utilisation des débris de poissons* sur les rives de l'Océan, *des plantes marines* qui rendraient ainsi au *sol cultivable* une partie de ce que l'Océan en avait reçu ; — par la recherche et l'exploitation des *excréments fossiles des oiseaux* (guanos et analogues) ; — par le recueil aussi complet que possible de tous les débris ou résidus à notre portée : — engrais humains, boues, etc., etc.

Tous ces moyens sont connus et appliqués, souvent avec parcimonie ou peu de soin ; mais, enfin, l'attention générale est portée chaque jour sur ce point, et le fouet de la nécessité stimule de plus en plus l'agriculteur. Nous venons aujourd'hui en signaler particulièrement un autre — aussi connu que les précédents, — mais qui mérite suivant nous plus d'attention qu'il n'en a jamais obtenu : ce moyen consiste à *prendre l'air atmosphérique comme une source d'engrais*. — Des savants, tels que Boussingault, Liébig, Ville, etc., ont prouvé que les feuilles des plantes prenaient à l'atmosphère, non seulement le carbone, mais encore l'*azote* (soit à l'état d'ammoniaque né ou naissant, soit à l'état simple), dont elles ont besoin pour végéter. — Leurs travaux signaleront plus tard aux agriculteurs les plantes les plus capables de s'assimiler les principes de l'air ; actuellement on ne peut encore que procéder pratiquement, par analogie et par approximation.

Nous poserons ainsi le problème : PRENDRE DANS L'AIR *la nourriture des plantes* par tous les moyens possibles et en aussi grande quantité qu'il se pourra. — Certes nous sommes loin d'être le premier qui veuille attirer l'attention sur ce point, comme le prouvent, du reste, les extraits qui vont suivre. On connaît des assolements tels, que le sol se conserve continuellement en bon état de fertilité, malgré les emprunts continuels qu'on lui fait en viande, lait et grains ; on cultive des plantes améliorantes prenant à l'air la plus grande partie de leurs aliments et rendant par suite au sol plus qu'elles n'en retirent ; on laboure, on ameublit, on fouille pour mettre les particules terreuses à même d'absorber les principes azotés, et l'acide carbonique de l'atmosphère et de la pluie, etc., etc., etc. Mais les principes d'améliorations suivies généralement et presqu'exclusivement jusqu'à ce jour sont :

1° Faire des fourrages pour les transformer en viande et fumier ;

Dans cette méthode, dont l'excellence n'est pas douteuse, on exporte du sol et de l'air, considérés comme magasins d'engrais, de la viande, du lait et des grains ; et l'amélioration quoique réelle n'est pas toujours absolue. — C'est-à-dire que si les soles de prairies prennent la plus grande partie de leurs aliments dans l'air, on en exporte les produits et qu'il ne parvient au sol qu'une partie des principes pris à l'air par le trèfle, la luzerne ; on exporte une partie des fourrages sous la forme d'os, de viande et de lait, et il en rentre dans le sol une partie sous la forme de fumier, de chaume et de racines. Or, suivant les cas, la proportion exportée peut être égale ou même plus forte que celle rendue au sol, et l'amélioration, par suite, est nulle ou même n'existe pas ; le sol se conserve dans le même état, ou s'appauvrit légèrement à chaque rotation ; alors le trèfle ne vient plus aussi bien.

2º On importe des engrais artificiels : guano, poudrette, limons, os, résidus de fabrique, de pêches, etc.

Cette méthode améliore d'une manière absolue, il n'y a pas besoin de la moindre explication sur ce point.— Aussi les agronomes répètent-ils sur tous les tons : faites des prairies ; sans prés pas de blé ; achetez des engrais, etc., etc.

Ces conseils sont excellents. Pourquoi donc ne sont-ils pas généralement suivis ? — Il n'y a pas un agriculteur qui ne sache qu'en ayant un nombreux bétail et le nourrissant bien, il aura de la viande et du fumier, et par celui-ci de bonnes récoltes de grains. Pourquoi donc en France n'y a-t-il encore actuellement qu'environ 1 hectare de prairie pour 5 1|2 hectares de terres arables, et, par suite, beaucoup moins d'une tête de gros bétail par hectare. Serait-ce, comme on l'a dit souvent, que *le bétail est un mal nécessaire* et que la plupart des petits cultivateurs ne peuvent *supporter ce mal*, absolu ou relatif ?

En résumé, les deux modes d'améliorations pratiqués : *Faire du fourrage pour produire du fumier* par l'intermédiaire des animaux domestiques, *ou importer des engrais de toutes provenances*, sont tout à fait rationnels, mais ne peuvent être mis en pratique par TOUS » *ils nécessitent un* **CAPITAL** *élevé* relativement à l'état de l'agriculture française. Sans doute, des sociétés peuvent s'établir pour faciliter l'achat du cheptel vivant, mais dans ce cas le bénéfice de la première méthode, quand il existera, devra être PARTAGÉ entre le *prêteur* et le cultivateur. — Il y a là à réfléchir.

Chaque jour, nous lisons les prospectus annonçant des engrais nouveaux; l'affluence des acheteurs ne fera-t-elle pas hausser les prix de façon à diminuer notablement les bienfaits de la seconde méthode d'amélioration. — Il y a aussi là un intermédiaire à enrichir.

Les deux procédés exigeant de l'argent pour être employés, ne sont donc pas parfaits et la recherche d'une nouvelle méthode, nouvelle en principe, mais non en fait, est donc d'une importance toute particulière. Ce principe nous l'avons déjà énoncé : Prendre dans l'air gratuitement la nourriture des plantes, autrement dit : SEMER *une plante qui puisse prendre à l'air la presque totalité de sa nourriture et* l'ENFOUIR *verte pour enrichir le sol de tout ce qu'elle a enlevé à l'atmosphère.* Cela se fait de toute antiquité, naturellement par la jachère, et artificiellement par l'enfouissement des chaumes de la dernière coupe de plantes fourragères améliorantes : « Les Romains avaient l'habitude d'en- « fouir la deuxième ou troisième coupe de luzerne, et « cet usage est encore en vigueur en Italie; — En Tos- « cane, on emploie le lupin blanc comme engrais à en- « fouir; en Allemagne, la bourrache; en Holstein, la « spergule; le madia-sativa a été récemment essayé en

« Silésie comme engrais vert.... Dans la Flandre, on
« enfouit la troisième coupe de trèfle; dans quelques par-
« ties des États-Unis, on ne fauche jamais le trèfle,
« mais on le retourne et c'est le seul engrais employé
« dans ces localités. Une pratique semblable est remar-
« quée dans quelques contrées du Nord, où l'on sème
« du maïs sur des terres pauvres, et où deux ou trois ré-
« coltes se suivent pendant l'été et sont enfouies succes-
« sivement. Dans le nord-est de la Chine, on sème une
« espèce de coronille et du trèfle que l'on enfouit comme
« fumure pour le riz.

« Dans le comté de Sussex, quelques fermiers sèment
« des turneps sur chaume hersé, et deux mois après
« enfouissent les plantes avec grand profit pour la ré-
« colte suivante.

« Le moutardon (sinapis arvensis), MAUVAISE *herbe*,
« est encore employé comme engrais vert dans le Nor-
« folk, sur les terres destinées au froment, ou quelque-
« fois aux turneps (Jonhston). » On le voit, la pratique
que nous recommandons n'est pas nouvelle ; ce que nous
prétendons seulement devoir observer est un simple per-
fectionnement de cette vieille méthode.

*L'engrais vert pour avoir l'effet le plus avantageux
doit coûter aussi peu que possible, et ne pas empêcher
l'application des autres modes de production et d'a-
mélioration s'il y a lieu de les employer;* si, en effet,
on faisait *une sole entière d'engrais vert,* ce ne serait
qu'une jachère déguisée, perfectionnée, mais trop oné-
reuse encore pour le haut loyer actuel de la terre,

conséquence de l'augmentation de la population.

Il vaudrait mieux continuer la méthode actuelle, — faire consommer les fourrages. — Si, comme le prouve M. Boussingault, « *le bétail n'est pas un producteur, mais bien un destructeur d'engrais ;* » il donne cependant, malgré la perte des principes que son fonctionnement, comme machine à viande, entraîne, des matières d'un prix assez élevé pour qu'il y ait un peu plus d'avantage à faire consommer les fourrages améliorants qu'à les enfouir.

De même, si l'application de la troisième méthode d'amélioration que nous proposons entraînait des travaux considérables ou des avances notables d'argent, il ne faudrait pas la proposer comme de premier ordre et devant favoriser l'essor des deux autres.

Il reste dans nos champs, malgré tous nos soins, des plantes fécondes, rustiques, que l'homme dans son ignorance des secrets de Dieu, appelle des *mauvaises plantes.* — Nos chemins sont bordés d'herbes qui profitent des moindres fragments de terres meubles, croissent, viennent à graines et se ressèment d'elles-mêmes, bien que l'homme, au lieu de les aider, fasse tout pour les extirper.

Mais ce sont nos plantes les plus aimées qui sont les MAUVAISES plantes : — *Difficiles,* — elles craignent à peu près tout : le vent et la grêle, la pluie et le sec, le froid et le chaud ; — *gourmandes,* — il n'y a pas d'engrais trop bon pour elles : le fumier de ferme n'est plus assez riche pour leur spongioles délicates (1), il leur faut du guano, de la poudrette, de la poudre d'os, etc., etc.; — *faibles*, — car, malgré tous nos sacrifices pour les nourrir richement, — les *ingrates*, nos sueurs pour les butter, les abriter, leur donner un sol ni trop compacte ni trop meuble, ni trop sec, ni trop humide, elles RENDENT assez peu, *versent*, sont progressivement malades, *se laissent dévorer* par les plus microscopiques insectes : on tremble chaque jour pour elles. En vérité, ce sont les bonnes plantes qui sont mauvaises.

Les plantes qui infestent nos champs ne sont *mauvaises* que parce que nous ignorons leur emploi; elles n'ont pas reçu du créateur, sans motif, cette grande rusticité qui les distingue, au point que des *mauvaises* graines restent plusieurs années en terre, et placées, *par hasard*, en une bonne position, s'élèvent rapidement. On connaît sur cela le proverbe.

Elles ont un usage, ces mauvaises herbes : ne serait-ce pas de rendre au sol épuisé sa fertilité en soutirant à l'atmosphère les aliments organiques qui, sans elles, y resteraient inutiles, ou peut-être même nuisibles pour es autres êtres vivants.

On connaît, en effet, les bienfaits de la *jachère*, mais jusqu'à présent on ne l'a employée que simplement. Nous pensons qu'on peut perfectionner ce mode naturel de fertilisation, et cela précisément au moyen des

(1) Nous employons ce mot SPONGIOLES bien qu'il soit impropre, pour éviter une périphrase.

plantes rustiques croissant dans les sols les plus ingrats
et les plus pauvres.

Dans la jachère naturelle, ces braves et fortes plantes
(démocratie végétale) sont abandonnées à leurs propres
forces : elles prennent à l'air avec courage, mais les
moyens leur font défaut. — Aidez-les un peu, semez-les
après une convenable préparation d'un sol non complétement appauvri, et vous les verrez élever rapidement de
belles tiges et de nombreuses feuilles qui prendront à
l'atmosphère tous les principes organiques sans emploi;
leurs racines perceront le sol et iront arracher au sous-
sol les aliments minéraux que les trop paresseuses
bonnes plantes y laissent ; puis, lorsqu'elles auront ainsi
profité de quelques semaines de nourriture et d'orgueil,
— abattez-les sans pitié et enfouissez-les dans le sol;
elles le prépareront de la meilleure manière pour qu'il
reçoive les BONNES plantes (aristocratie végétale), leurs
restes serviront d'aliments, et d'aliments très-délicats
pour les céréales difficiles. Conseillons-nous la culture
des mauvaises plantes? — Nullement ; — Pas plus que
certaines autorités qui reconnaissent la nécessité et
l'utilité de la *jachère*, dans certaines circonstances, pas
plus que les intelligents agriculteurs du Norfolk qui sèment le *moutardon* qu'ici l'on extirpe avec tant de peine;
— pas plus que les *croisés* qui ont enrichi l'Europe de
SARRAZIN, mauvaise plante dans la Perse, le Népaul, etc.
— En résumé, ce que nous signalons, c'est la *généra-
lisation de l'emploi des engrais verts* par le bon choix
que l'on peut faire parmi les plantes rustiques et

précoces de celles qui sont le plus convenables pour cet objet, — de celles qui seront sans inconvénients pour les récoltes futures, qui produiront le plus. Mais, nous voulons que cette amélioration se fasse sans déranger les autres récoltes, c'est-à-dire que nous demandons une petite place pour les engrais verts, sans en ôter aux plantes utiles habituellement cultivées; c'est-à-dire enfin, qu'il faut que ces engrais verts soient *dérobés*.

Notre idée est donc complexe et se traduit par :

Fourrages, ou mieux ENGRAIS *verts en culture* DÉROBÉE.

COMME MOYEN

ayant pour résultat l'AMÉLIORATION *continuelle du sol par des plantes rustiques précoces (assimile-air).*

Les cultures dérobées ont-elles été assez étudiées, nous ne le pensons pas. Dans le midi de la France, l'irrigation les permet souvent; mais l'irrigation n'est pas assez généralisée, et de plus, les produits que l'on recherche ne sont pas améliorants, — c'est le plus souvent tout le contraire. — Ce sont des haricots, du maïs, des légumes, etc., que l'on exporte ou enlève du sol.

Dans le centre, l'ouest et le nord, les cultures dérobées à essayer et à imaginer, doivent être des fourrages prompts dans leur croissance et améliorants, que l'on fera pâturer ou plutôt que l'on enfouira, soit l'un ou l'autre, soit comme fourrages et engrais simultanément. — Quelques mauvaises plantes ont déjà été essayées

dans ce sens : on peut citer le moutardon, les mille-feuilles, mais nous pensons qu'il y a beaucoup à innover dans ce sens.

Pour donner l'exemple dans la limite de nos forces, nous avons étudié une plante (moutarde blanche) qui peut être semée comme engrais vert et enfouie au bout de six à sept semaines, — ou pâturée dès la sixième semaine, puis enfouie. Ce n'est pas à proprement parler une *mauvaise* plante, bien que très-semblable au moutardon, mais elle en a toutes les qualités : rusticité, précocité, et prend beaucoup à l'air.

DES
RÉCOLTES DÉROBÉES

SECTION Ire.

DE L'AMÉLIORATION DU SOL PAR LES ENGRAIS VERTS.

CHAP. 1er. — DE LA PRATIQUE DU MOYEN PROPOSÉ.

Dès les temps les plus reculés et de nos jours encore sur une grande étendue de terre, — lorsqu'un champ a produit un an ou deux des céréales,—on le laisse inculte: les *mauvaises herbes* croissant naturellement envahissent le champ et sont enfouies après un certain temps:— le sol reçoit, en outre, diverses façons et regagne ainsi une partie de sa fertilité perdue,—d'autant plus vite que les herbes adventices y poussent plus facilement. Ce système connu sous le non de JACHÈRE, n'est pas autre chose qu'un enfouissement *d'engrais verts naturels* suivi de travaux d'ameublissement et d'aération. — La jachère, on le sait, a d'autant plus d'effet que le sol est plus fertile, et les sols naturellement pauvres et arides exigent une jachère plus prolongée pour redevenir capables de porter une céréale. — L'enfouissement d'*en-*

grais verts formés par des plantes peu difficiles sur la richesse et la nature du sol est donc le principe du moyen que nous indiquons : accessoirement, ces plantes peuvent servir de fourrages avant d'être enfouies ; de même que les trèfles, luzernes, sont essentiellement des cultures améliorantes, lorsqu'elles sont enfouies en deuxième ou troisième coupe, etc., etc.

CHAP. II. — DES ENGRAIS VERTS EN GÉNÉRAL.

§ 1er. — *Principes de leur emploi.*

« L'usage d'enfouir certaines plantes, pour *engrais,*
« est basé sur des principes parfaitement intelligibles.

« Les plantes prennent leur nourriture par deux
« voies bien distinctes; *au sol,* par les extrémités che-
« velues (spongioles) de leurs racines; *à l'air* qui les
« entoure, par leurs feuilles.

« Du SOL, les plantes extraient la *totalité* des prin-
« cipes minéraux que nécessite leur accroissement et,
« en outre, *une partie* des matières organiques qui les
« constituent. » Les feuilles prennent à l'air le reste des principes organiques dont elles ont besoin, et cela en quantités variables suivant les genres; c'est-à-dire que certaines plantes paraissent prendre *beaucoup* à l'atmosphère, que d'autres, au contraire, n'y puisent les matières organiques qu'en *très-faible quantité.*

« Si, comme on le pensait généralement autrefois,
« les plantes vivaient entièrement aux dépens du sol, il
« n'y aurait évidemment aucun bienfait à attendre de
« l'emploi des engrais verts, » car il faudrait autant de
fumier pour produire l'engrais végétal que ce dernier
pourrait en rendre au sol par sa future décomposition.
Le fait parfaitement connu de l'augmentation de fertilité
parfois considérable résultant de l'enfouissage de certaines plantes, prouve donc d'une manière irréfutable
et sans analyse chimique, que certaines plantes prennent
à l'air la plus grande partie de leurs principes organiques (azote, carbone, oxigène et hydrogène).

« Les belles expériences de Priestley, Saussure, Dau-
« bery et autres, ont démontré, 1º qu'au moyen de leurs
« feuilles, les plantes décomposent l'acide carbonique,
« toujours présent dans l'air » en très-petite quantité,
il est vrai; « que l'oxigène de cet acide est mis en li-
« berté, et le carbone *approprié* par les plantes; de plus,
« 2º les plantes prennent aux carbonate et nitrate d'am-
« moniaque, sels volatils, une portion de l'azote néces-
« saire pour la formation de leurs principes albuminoïdes
« (viande végétale). — Liébig, comme preuve de cette
« absorption de l'azote de l'air par les feuilles, cite les
« anciennes forêts, telles que celles de l'Amérique du
« Nord, lesquelles après une végétation sans aide, mais
« sans contrainte, pendant des siècles, produisent d'é-
« normes quantités de bois de charpente et, en outre,
« laissent le sol, après l'enlèvement complet de ces bois,
« en un tel état de richesse et de fertilité qu'un siècle de

« récolte (sans fournir d'engrais), peut à peine l'appau-
« vrir. C'est un fait de fumure naturelle, — *par les en-*
« *grais verts*, — sur une large échelle. Le carbone et
« l'azote sont, dans ce cas, enlevés à l'air, en suffi-
« sante quantité, non seulement pour fournir à l'accroi-
« sement des arbres géants de ces forêts, mais encore
« par la chute périodique des feuilles et des petites
« branches, ces arbres forment un lit épais de *terreau*
« *végétal.* »

« Les bienfaits résultant de l'enfouissage d'engrais
« verts, sont non seulement dus à l'action des feuilles
« puisant dans l'atmosphère, partie la plus importante,
« mais encore à l'action des racines des plantes-engrais.
« En effet, si au lieu de laisser la terre exposée seu-
« lement à l'action de l'atmosphère, on sème une plante
« dont les racines courent en toutes directions pour re-
« chercher les aliments organiques ou minéraux ; puis,
« que cette plante, arrivée à une croissance considéra-
« ble, soit enfouie dans le sol, on aura *enrichi* celui-ci
« non seulement par les éléments dérivés de l'air, mais
« encore par les matières minérales et organiques enle-
« vées du sous-sol.—La plante agit ainsi par ses racines
« pour recueillir dans le sol et le sous-sol les éléments
« d'une future récolte d'une manière que nul moyen mé-
« canique de *fouille* ou de *division* ne peut effectuer.

« La fermentation des substances animales et végé-
« tales est beaucoup accélérée par l'humidité. Les pailles
« sèches des céréales, des fèves, etc., comme le sait tout
« fermier, demandent un très-long temps pour leur dé-

« composition dans le sol ; tandis qu'un végétal, à l'état
« vert et succulent, fermente rapidement, laissant dans
« le sol toutes les substances dont il est composé et dans
« un état tel qu'elles sont ou peuvent être immédiate-
« ment enlevées et assimilées par les plantes.

« ...dant que l'ammoniaque de l'air est absorbée et
« retenue par le sol lui-même, indépendamment de tout
« genre de végétation, — la méthode de semer des
« plantes pour engrais vert à enfouir, a, sur la jachère,
« l'avantage de l'accroissement, par les feuilles des
« plantes semées, des matières carbonées, azotées et
« minérales lesquelles sont, par cette méthode, con-
« centrées vers la surface du sol.

« Théoriquement, la plante la plus avantageuse à se-
« mer pour engrais vert sera celle qui présentera *la plus
« grande étendue de feuilles* pour l'absorption dans l'air
« des aliments organiques et *qui enverra le plus pro-
« fondément ses racines* pour enlever la richesse miné -
« rale du sous-sol.

« Et la récolte qui bénéficiera le plus de cette ration
« d'engrais vert sera celle dont les racines seront tra-
« çantes, qui, se nourrit difficilement (exigeante) et
« qui en même temps doit prendre au sol la presque
« totalité de ses aliments (1), » incapable qu'elle est d'en
prendre une portion à l'atmosphère.

En d'autres termes, — la plante la plus convenable à

(1) John Thomas Way, chimiste consultant de la Société royale
d'Agriculture d'Angleterre, membre honoraire de cette Société.

semer pour engrais vert sera celle qui sera la plus feuillue (1), la plus pivotante et la plus rustique, et cet engrais devra surtout être fourni pour la plante qui sera l'opposée de cette première, c'est-à-dire la moins feuillue, la plus traçante et la plus difficile sur le sol.

« Les substances végétales à l'état vert et succulent « sont donc de puissants *fertilisateurs*, lorsqu'elles sont « entièrement incorporées au sol.

« La plus facile explication de ce fait est la considé- « ration qu'elles fournissent des éléments identiqnes à « ceux demandés par la récolte future, de la même ma- « nière que, des matériaux d'une maison démolie, on fait « une nouvelle habitation.

« Et, il faut reconnaître que plusieurs des principes « composants des plantes y existent en telle union et af- « finité qu'il faut que la plante les trouve déjà ainsi unis « dans le sol pour qu'elle puisse se les assimiler et il est « reconnu en physiologie, que les animaux et les plantes « enlèvent de leurs aliments et assimilent une portion « de leur substance, précisément dans l'état ou forme où « elle existe dans cet aliment sans transformation. » — Ainsi, par exemple, la graisse serait toute formée dans les aliments ; l'albumine, etc., etc. — Ceci est encore, pensons-nous, à l'état de discussion ; mais, cependant, on peut présumer que l'assimilation est d'autant plus fa-

(1) Ceci n'est que relatif, car certaines espèces de feuilles par leur conformation peuvent être, à surface égale, plus aptes que d'autres à enlever les principes de l'atmosphère ; — ceci n'a pas encore été étudié.

cile, que l'aliment est plus semblable aux matériaux de composition de la plante ou de l'animal. « La pratique

« de semer des plantes pour l'objet spécial de les enfouir
« comme engrais pour une récolte suivante, n'est pas
« justifiée par cette seule considération. Ne semble-t-il
« pas qu'il y a perte de temps et de matériaux à convertir
« les éléments du végétal — en fourrages, puis en fumier
« — c'est-à-dire, deux fois en vivantes formes, avant
« qu'ils ne soient rendus profitables à la nourriture de
« l'homme. Pourquoi? si vous voulez construire votre
« maison (*faire des grains*) n'allez-vous pas chercher les
« matériaux de suite à la carrière (*sol, air*), au lieu de bâ-
« tir d'abord une maison (*bétail*) pour la démolir et avec
« les matériaux (*fumier*) en refaire une autre (*grains*).

« Ces questions doivent rester sans réponse; faites que
« la plante obtienne tous ses aliments du sol! — Mais ce
« n'est pas le cas; une grande partie de la masse des ré-
« coltes vertes est tirée de l'atmosphère, et lorsque la
« *plante-engrais* est enfouie, le sol par cela même con-
« tient plus d'éléments organiques, essentiels à la nutri-
« tion des végétaux, qu'il n'en possédait avant que l'en-
« grais-vert ne fût semé puis enfoui : le sol est plus riche,
« en fait, de tout le carbone, l'hydrogène, l'oxygène et l'a-
« zote que la *plante-engrais* a pris par ses feuilles dans
« l'atmosphère.

« De même, la récolte qui suit un engrais vert enfoui,
« trouve dans le sol une certaine ration d'aliments miné-
« raux qui ont été préparés par les racines de la *plante-*
« *engrais* et enlevés au sol. » Or, dans de nombreux

cas, ces aliments minéraux, bien qu'existant dans le terrain, sont dans un tel état et si difficilement solubles que les plantes utiles, en général, ne les assimilent qu'avec la plus grande difficulté. — Les engrais verts formés sur place par l'ensemencement de plantes rustiques, *voraces*, si l'on peut appliquer ce mot à un végétal, préparent donc ces aliments durs, et la plante utile venant ensuite, s'alimente avec la plus grande facilité.

« La pratique de redonner, à un champ épuisé, sa
« première fertilité, en l'abandonnant à la pâture pour
« plusieurs années, et l'avantage produit par l'introduc-
« tion, dans l'assolement, de fourrages pâturés ou même
« de trèfles fauchés et enlevés du champ, explique en-
« core la façon dont les vertes récoltes peuvent servir
« d'engrais. Il est évident que si ces récoltes ne ren-
« daient pas au sol d'autres éléments que ceux qu'elles
« en retirent, un temps de pâture ou de jachère aussi
« prolongé qu'on voudra, ne pourrait rendre la fertilité
« à un sol appauvri ; mais, tout au contraire, la constante
« exportation du phosphate des os, des principes orga-
« niques de la chair, de la graisse, du sang, etc., par les
« animaux en pâture aurait pour effet de *détériorer* con-
« tinuellement le sol. Mais l'efficacité des *engrais verts*
« est sanctionnée par l'autorité de l'expérience aussi
« bien que par celle de la théorie. — Les restes des
« tiges et les racines du trèfle ou des fourrages, ne sont
« autre chose qu'une masse d'engrais vert, dont l'effet
« pour accroître la récolte suivante d'avoine ou de fro-
« ment est bien connu de tout fermier. L'agriculture

« de la Grande-Bretagne ne recueille peut-être d'aucune
« récolte un plus grand avantage que de celle du trèfle.
« Sans lui, le système alterne, fourrages et graines, ne
« peut être efficacement suivi : et, certainement, c'est
« seulement après une bonne réussite des fourrages
« qu'une complète récolte de froment peut être obtenue
« sur les hauts et secs plateaux, les crayeuses ou cal-
« caires montagnes qui sont mises en culture dans ces
« contrées. Après les racines, l'orge peut venir sur ces
« sols, mais c'est seulement sur un défrichement de
« prairie que le froment réussit pleinement, lorsque la
« texture du sol est légère.

« Nul engrais direct ne rend bien sur friche. — Le
« vert gazon, lorsqu'il est détaché et enfoui, présente
« un lit ferme et compacte pour la semence et fournit
« par sa graduelle décomposition, une ration conti-
« nuelle d'aliments pour le froment aux diverses épo-
« ques de sa végétation.

« Mais *l'engrais vert*, si nous exceptons le cas du
« trèfle, est rare en ces contrées. Dans quelques loca-
« lités, les mauvaises herbes sont recueillies et appli-
« quées à l'état frais sur les jachères ; dans quelques
« cas, les feuilles de navets, les fanes de pommes de
« terre sont enfouies au lieu d'être transportées à la
« ferme pour en faire des composts ou des engrais : ou
« bien, ce qui est plus usuel, ces débris sont aban-
« donnés à la surface du champ où ils se décomposent.
« Mais la pratique *d'engrais vert* sous d'autres formes
« paraît être à peine connue en ces pays.

« La tardivité de la croissance végétale et la néces-
« sité où sont les fermiers d'utiliser chaque pouce de
« terre pour la production d'aliments pour leurs ani-
« maux, desquels dépendent la continuation de la ferti-
« lité de leur sol et leur profit matériel, rendent difficile
« pour eux de trouver une place dans la rotation pour
« une récolte *d'engrais vert*, sans déplacer une récolte
« alimentaire par laquelle ils s'assurent deux produits
« (viande et fumier) au lieu d'un seul (engrais vert). —
« Parlant sur ce point, un écrivain américain, *Judge*
« *Buel* (cultivator, vol. II, p. 13) dit : « La pratique des
« engrais verts est principalement convenable à de
« plus chaudes contrées où la végétation est très-rapide
« et, même là, semble un quelque peu inférieur état de
« l'art et n'est pas la meilleure voie de produire une
« matière d'engrais.— Quand nous sommes capables
« de produire de verts aliments de tous genres, il vaut
« mieux pour nous les employer à la nourriture des
« animaux, parce qu'alors ils donnent non-seulement de
« l'engrais, mais encore un autre produit utile, la
« viande.

« Il y a cependant des circonstances où ces objections
« ne peuvent avoir une force suffisante pour empêcher
« l'adoption du système d'engrais vert, et nous en par-
« lerons en traitant des *modes d'opération* de la pra-
« tique. »

§ 2. — *Des divers engrais verts.*

La condition ou état dans lequel les substances végétales doivent être appliquées au sol, comme engrais, est une question de quelque importance.

Lorsque les plantes ont atteint tout leur développement et sont en fleurs, elles renferment une plus grande proportion de matières organiques enlevées par elles à l'air qu'à toute autre période : « elles sont alors de facile décomposition et paraissent plus aptes à enrichir le sol. » — Entre l'ensemencement de l'engrais vert et son enfouissage, il doit donc s'écouler un temps suffisant pour la complète croissance de la plante-engrais. La conséquence, c'est que pour engrais vert il faut une plante de rapide croissance.

Les genres de substances végétales qui sont efficaces comme engrais, peuvent être considérés sous deux classes : 1° récoltes enfouies dans le sol sur lequel elles ont crû ; 2° substances végétales recueillies hors du sol, dans lequel elles doivent servir d'engrais.

En outre, la première classe peut se diviser en deux genres : 1° Récoltes vertes pâturées ou fauchées partiellement et dont la dernière végétation est enfouie ; 2° récoltes semées pour le propos spécial d'être enfouies pour engrais.

CHAP. III. — DES ENGRAIS VERTS A ENFOUIR SUR PLACE.

§ 1er. — *Engrais chaumes-racines.*

Le premier genre *engrais verts ayant été partiellement pâturés ou fauchés*, comme vieux gazons, chaumes de trèfle, regain de trèfle, pâturages en général enfouis dans le sol, sont des exemples d'engrais verts familiers aux praticiens. Outre l'addition, dans le sol, que donnent ces plantes de tout ce qu'elles ont recueilli dans l'air et le sous-sol, leur influence physique sur le sol ne doit pas être oubliée. Elles donnent, à une argile lourde et froide, de la chaleur et de la porosité; à un sol léger et friable dans lequel les bandes gazonnées sont retournées, elles donnent de la ténacité et de la fermeté par leurs racines fibreuses. Sans une précédente récolte de ce genre, un grand nombre de terres sont trop légères pour supporter du froment.

Sur la propre ferme de l'auteur anglais précédemment cité, existent de nombreux champs dont le sol est un calcaire magnésien sur lequel ne peut croître une bonne récolte de froment qu'après pâtures ou trèfle. — Quelque fortement engraissé que soit un chaume ou une friche, ils ne peuvent produire un champ de froment pareil à celui venu sur pâture ou sur trèfle. — L'universelle pratique qui se continue d'enfouir les herbes, son adoption comme partie indispensable de l'assolement quadriennal et de toute autre rotation de 4, 5 ou 6 ans, par laquelle on pense conserver les puissances de la ferme, rend inutile de rappeler les nombreux *travaux* ou écrits faits sur les détails de ce système. Les avantages d'une bonne main-d'œuvre dans l'enfouissage de telle récolte sont connus de tout homme pratique.

§ 2.—*Engrais semés pour être enfouis ou engrais-verts proprement dits.*

« *Les plantes semées pour le propos spécial d'être* « *incorporées au sol à l'état frais, sont ordinairement* « des végétaux d'entière croissance et capables de réus- « sir, même sur de pauvres sols, » et, en principe, les plus rustiques, les plus rapides en croissance et les moins exigeants sur la nature ou la richesse du sol.

« Les plantes qui ont été recommandées pour ce propos sont : le ray-grass d'Italie, le trèfle, le sarrazin, les lupins, le seigle, la spergule, la navette, la rave sauvage, la moutarde, l'ivraie, etc.

« L'agriculteur praticien, placé dans une situation propre à espérer une récolte d'engrais vert en culture dérobée, n'aura pas de peine à déterminer quelle est, parmi ces plantes, celle qui est le mieux adaptée aux circonstances de localité, saison, climat et sol dans lequel il est placé.

« Sur de puissantes argiles, lorsqu'elles ont été défrichées de bonne heure, une verte récolte d'ivraie ou de ray-grass peut être parfois obtenue. — Enfouie, elle fournira les aliments de la récolte suivante de froment, et, en outre, elle amendera le sol trop compacte dans ce cas.

« Cette espèce d'engrais vert ne doit pas être semée d'assez bonne heure pour empêcher la jachère d'être bien faite, ni pour devenir une puissante récolte ; une récolte bien fournie de 13 à 16 centimètres de longueur, est parfaitement suffisante ; le trèfle qui est si tardif en croissance, est trop difficile à obtenir pour fourrage dans de vieux sols cultivés pour essayer de le faire croître pour engrais ; quand par ce fait nous rendons déjà notre sol tel qu'il se lasse bientôt du trèfle : la moutarde, la navette, etc., peuvent souvent croître sur les sols légers après une récolte printannière de grains; mais pour réussir dans cette dernière récolte, il ne faut pas perdre de temps en préparation, car un désappointement pourrait s'ensuivre dans un climat tel que celui de la Grande-Bretagne. » — En France, dans la plupart des cas, cette récolte est assurée.

Lorsque le sarrazin peut croître aisément et venir en fleur, il doit être employé comme engrais vert : avant de l'enfouir, on passe un rouleau sur le champ ; les herbes couchées indiquent ce qui doit être enfoui, et la charrue suit la même voie que le rouleau. Ou bien, une chaîne très-lourde est attachée au manche du coûtre ; elle traîne en avant du versoir et couche les tiges, suffisamment pour que la bande soit facilement renversée et les tiges cachées.

« Cette chaîne s'appelle enravage, et dans les bonnes

charrues anglaises, telles que celles de Ransome, Howard, Busby, Ball, etc., etc., elle est munie d'un poids ovoïde; elle forme un bon accessoire.

CHAP. IV. — DES ENGRAIS VERTS, DÉBRIS DE VÉGÉTAUX.

« Les engrais verts recueillis de sources diverses, et
« appliqués à l'état frais, sont beaucoup plus nombreux
« qu'individuellement importants. — Mêlés ensemble
« cependant, ils fournissent une masse de principes fer-
« tilisants que sous aucun prétexte il ne peut être permis
« de négliger. Ils peuvent en quelques cas particuliers,
« être si profitables, qu'ils sont dignes de l'attention des
« cultivateurs.

. « Le goëmon et les autres plantes marines, les mau-
« vaises herbes de la ferme, les débris du jardin, non
« mangeables par les porcs, les mauvaises herbes des
« haies, les feuilles de navets, les fanes de pommes de
« terre, sont de cette classe d'engrais, et servent dans
« la confection de composts, dont nous ne pouvons
« parler ici.

« Nous rappellerons seulement une expérience faite
« par le Dr Browne, en preuve de l'action du goëmon
« comme engrais vert. « En octobre 1819, dit-il, un
« violent coup de vent chassa à une partie de la côte
« une quantité de goëmon en masse telle, qu'il n'en
« avait jamais été observé de semblable; elle fut

« enlevée avec empressement et, vu ma grande proxi-
« mité du rivage, je recueillis vingt-sept chariots, char-
« gés d'autant que quatre chevaux peuvent conduire ;
« mes voisins déposèrent leur goëmon dans leurs cours
« pour le laisser pourrir avec leur autre fumier, mais je
« crus faire mieux en répandant le mien tout humide
« sur environ 44 ares de chaume de fèves, et je l'enfouis
« immédiatement et semai du froment sur cet engrais
« vert, le 6 octobre. Alors je salai les terres adjoignantes
« avec 270 litres par hectare et les fumai avec 37 cha-
« riots de fumier de ferme, et semai du froment le 15
« novembre. La récolte fut trois fois plus forte sur la
« terre fumée avec le goëmon frais que sur toute autre
« partie du champ. »

« Les mauvaises herbes des champs, lorsqu'elles n'ont
« pas encore développé leurs graines, peuvent être em-
« ployées à l'état frais comme engrais verts efficaces, ce
« qui est plus convenable que de les mettre à décompo-
« ser dans les fosses à composts, comme c'est l'usuelle
« coutume parmi les bons agriculteurs.

« M. Knight donne quelques exemples très frappants
« de bons effets de l'application de fanes de pommes de
« terre, de fougères et d'orties, comme engrais verts.

« Dans le commencement de juin, » dit-il, « une pe-
« tite pièce de terre fut plantée avec des pommes de
« terre d'une variété hâtive et dans quelques rangs, des
« fougères vertes furent mises comme engrais ; — dans
« d'autres, on mit des orties ; et, plus tard, les pommes
« de terre ayant été arrachées pour être consommées,

« leurs fanes furent enfouies en rangs de la même façon;
« puis une nouvelle plantation de pommes de terre de
« l'année précédente fut faite sur ce sol à la manière or-
« dinaire.—Les jours étant alors longs, la terre chaude,
« les feuilles et les tiges vertes apportant une abondante
« humidité, les plantes acquirent une complète crois-
« sance en un temps extraordinairement court et don-
« nèrent un abondant produit. Les jardiniers-marai-
« chers pourront donc employer leurs fanes de pommes
« de terre et autres substances végétales avec un grand
« avantage. »

« M. Kinght raconte ainsi un autre essai fait avec des
« fougères. « Je reçus d'un fermier voisin un champ na-
« turellement stérile et, en outre, beaucoup épuisé par
« deux précédentes récoltes de grains. — Une planta-
« tion voisine contenait une grande quantité de fougè-
« res que je me proposai d'employer comme engrais
« vert, pour une récolte de turneps. Elles furent coupées
« du 10 au 20 juin. Je pensai qu'il était nécessaire de
« placer ces fougères en un tas, pour qu'elles pussent
« fermenter suffisamment pour que toute vie disparut
« en elles, puis elles furent mises en sillons, et la graine
« de turneps déposée avec le semoir sur cet engrais vert
« fermenté. Quelques rangs voisins furent fumés avec
« le noir terreau végétal provenant de l'emplacement
« d'une vieille pile de bois, mêlé avec les petites bran-
« ches décomposées ; la quantité placée en chaque rang
« me paraissait excéder quatre fois le total du terreau
« végétal, si également décomposé, que j'aurais dû

« mettre. La récolte réussit dans les deux cas, mais les
« plantes placées sur les fougères vertes avec plus de
« rapidité que les autres et comme celles qui avaient
« été engraissées avec le fumier des étables et des cours:
« et les turneps, venus sur des fougères enfouies, se
« distinguaient à l'automne des plantes de toutes les
« autres parties par l'ombre plus forte de leur feuillage
« (Trans. Hort. Soc., vol. 1. p. 248). *Les fanes de*
« *pommes de terre* sont très-valables, soit comme *en-*
« *grais vert*, soit comme adjonction au fumier de ferme :
« les feuilles et les tiges de pommes de terre contien-
« nent en effet une grande portion des plus favorables
« éléments organiques ou inorganiques des plantes.—
« Suivant M. Fromberg, 1,000 kilogrammes de feuilles
« à l'état naturel contiennent 8 kil. 2 à 9 kil. 2 d'azote,
« et 1,000 kil. de feuilles sèches renferment 51 kil. 2 à
« 57 kil. 6 d'azote. Chaque 1,000 kil. de fanes de pom-
« mes de terre en outre donne à la terre 25 kil. de
« sels inorganiques et une quantité de matières organi-
« ques renfermant 9 kil. 17 d'azote ou environ 10 kil.
« 430 d'ammoniaque. Or, le meilleur guano d'Ichaboë,
« ne cède pas plus de 9 à 10 pour 100 d'ammoniaque,
« et par suite une tonne de fanes de pommes de terre
« peut être comparée à 114 kil. de guano.

« *Les feuilles et sommets de Turneps*, lorsque la ré-
« colte est enlevée et emmagasinée pour être employée
« pendant l'hiver, sont utilisables comme engrais vert.
« A ce propos, *M. Shier* dit : « les feuilles et sommets
« de résidus sont à la récolte de turneps comme 10 est

« à 33, par suite, 62,700 kil. étant une bonne récolte
« par hectare, on aurait pour résidus, sur cette unité de
« surface 19,000 kilog. de sommets et de feuilles qui
« doivent produire pour les récoltes succédantes un ef-
« fet égal à celui de 10 tonnes de bon fumier de
« ferme.

« Je ne sache pas qu'il ait été fait d'analyse exacte
« des feuilles de turneps, mais elles sont connues
« comme contenant une portion considérable de ma-
« tières salines et terreuses, sans compter les matières
« organiques capables de fournir à l'alimentation des
« récoltes suivantes.

« Sprengel estimait que les feuilles de turneps conte-
« naient 18 pour 100 de matières minérales ; par consé-
« quent les feuilles et sommets d'un hectare donne-
« raient 342 kilog. d'engrais minéral. Or, pour qui con-
« naît l'effet d'une dose beaucoup plus petite de sels
« minéraux, il n'est pas difficile de comprendre l'impor-
« tance de la pratique d'enfouir les feuilles et sommets
« des récoltes de turneps, pour enrichir le sol pour une
« récolte suivante.

« Ces feuilles et sommets doivent être soigneusement
« répandus sur le sol et bien enfouis, dans leur état frais,
« au lieu de les laisser se faner et décomposer en mon-
« ceaux jusqu'à ce que leurs valables éléments organi-
« ques se soient dissipés dans l'air. Un tel système, en
« outre, épargne un double transport et les résultats
« sont au moins aussi avantageux que l'indique l'esti-
« mation précédente. » (J. H.-K. D. — Cyc. of. M.)

Ce qui précède suffit pour prouver l'efficacité des engrais verts pour l'amélioration du sol. Nous avons voulu, par ces extraits, signaler tout particulièrement ce mode de fumure, et constater l'état où se trouve son étude qui mérite suivant nous plus d'attention qu'elle n'en a jamais obtenu.

SECTION II.

CULTURE DE LA MOUTARDE BLANCHE.

1ʳᵉ PARTIE. **Etude de la plante.**

CHAP. 1ᵉʳ. — CARACTÈRES DIVERS.

§ 1. — *Caractères botaniques.*

Les moutardes forment dans la famille des crucifères un genre (*Sinapis*) très-voisin de celui des sisymbres, des radis, et des choux (1) : « Il s'en distingue par un « calice à quatre folioles très-ouvertes, caduques ; par « quatre pétales en croix, à onglets droits ; six étamines « tétradynames ; le réceptacle muni de quatre glandes « placées entre les étamines ; un style ; une silique terminée ordinairement par une languette saillante. « M. Decandolle rapporte aux sisymbres toutes les es-

(1) Flore Chaumeton, Poiret, etc

« pèces dont les fruits ne sont point terminés par une
« languette. »

L'espèce la plus connue, appelée vulgairement *moutardon*, moutarde des champs (*Sinapis arvensis*) infecte
nos champs dont on l'extirpe difficilement par suite de
sa rusticité, de son prompt développement et de la faculté que possèdent ses graines de se conserver assez
longtemps dans le sol sans perdre leur faculté germi-
native ; cette espèce se distingue des deux autres par la
grande longueur de ses siliques qui sont parfaitement
glabres, presque horizontales, toruleuses, à plusieurs
angles et terminées par une *languette* longue et un peu
courbée en faucille.

« L'espèce connue sous le nom de moutarde noire,
« se reconnait à ses siliques glabres, tétragones, serrées
« contre la tige, à languettes très-courtes.

« Ses racines sont un peu épaisses, blanchàtres, pres-
« que droites, garnies de beaucoup de filaments capil -
« laires : elles produisent une tige droite, un peu velue,
« cylindrique, très - rameuse, haute de deux à trois
« pieds. Ses feuilles sont alternes, pétiolées, un peu
« charnues, assez semblables à celles de la rave, laci-
« nées ou pinnatifides, presque glabres ; les lobes obtus
« inégalement dentés. Les fleurs sont jaunes, petites,
« disposées en longues grappes droites, terminales, les
« pédicelles courts, rapprochés des tiges ; les siliques
« glabres, courtes, ridées, à quatre angles ; une côte
« épaisse à chacun de leurs angles ; une languette très-

« courte, obtuse ; les semences brunes, globuleuses,
« comprimées. » (1)

Fig. 3.

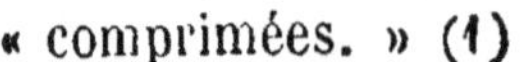

Fig. 1.   Fig. 2.

L'espèce dont nous devons nous occuper, la moutarde
blanche (*Sinapis alba*) se distingue par ses siliques his-
pides (fig. 1) terminées par une très-longue languette,
et par la couleur de ses graines.

§ 2. — *Caractères physiques de la moutarde blanche.*

Cette plante est annuelle, ses tiges sont un peu velues
(fig. 4) et s'élèvent de cinquante à soixante-quinze
centimètres suivant la nature et la richesse du sol ; ses
feuilles sont larges et très-découpées (fig. 2), ses fleurs
(fig. 3) d'un jaune foncé et disposées en grappes
terminales. — Ses graines sont d'un blanc jaunâtre,
globuleuses, très-légèrement comprimées (fig. 5) : elles
ne présentent pas, heureusement, la propriété de se
conserver en terre comme les graines de la moutarde
noire ou du moutardon ; ainsi la culture de la moutarde

(1) Flore Chaumeton, Poiret, etc.

blanche ne peut apporter aucun trouble à la récolte suivante, comme on pourrait le craindre d'après les caractères des deux autres espèces.

Le diamètre d'une graine de moutarde blanche est
d'environ deux millimètres. — Un litre en contient environ 174,000.

Ces graines répandent, lorsqu'on les écrase, une odeur légèrement piquante, elles sont d'une saveur amère et acre. On en retire une
huile volatile, présentant à un haut degré les caractères physiques de
la graine écrasée. On en exprime une huile douce; le tourteau conserve l'amertume et l'acreté des se-
mences.

§ 3. — *Caractères culturaux.*

La moutarde blanche n'est nulle-
ment exigeante dans la nature du sol : elle réussit très-bien sur les
terres silicieuses, silico-calcaires, argilo-calcaires et crayeuses, même

Fig. 4.

sans le secours des engrais. Sa croissance est très-
rapide : semée de mai à la mi-juillet, elle peut atteindre sa complète croissance en six ou sept semaines ;
semée plus tardivement, elle éprouve plus de difficulté

pour atteindre sa maturité, car la somme de chaleur qu'exige sa floraison peut manquer vers la fin d'août ou en septembre. Ce qui la distingue surtout et lui donne une grande valeur comme plante pouvant être semée tardivement pour fourrages et engrais verts, c'est l'extrême rapidité de sa première croissance en feuilles (fig. 5, **B**, trente heures après l'ensemencement ; — **C**,

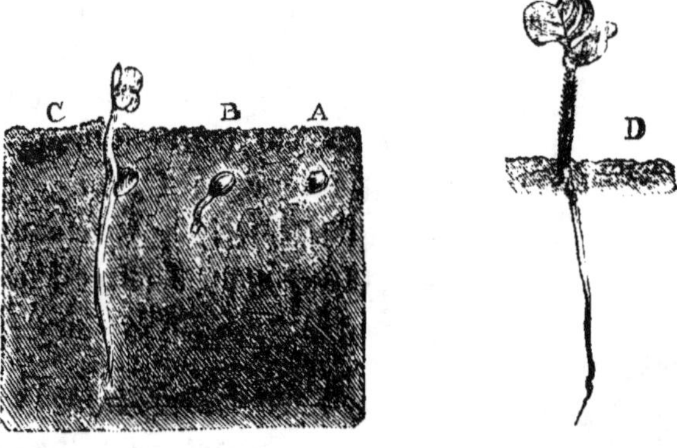

Fig. 5.   Fig. 6.

deux jours après ;—**D**, fig. 6, trois jours après) ; lafructification seule est lente, et l'étude de la composition chimique des graines pourra nous faire connaître la cause de cette lenteur.

Un caractère très-particulier, que nous n'avons pu vérifier, mais qui est indiqué par plusieurs auteurs, consiste dans la disparition, pour la récolte de blé suivant une moutarde, des larves que les cultivateurs ap-

pellent le ver (1), larve de l'insecte appelé *taupin* ou maréchal.

Cette larve et l'insecte qui en provient ont été étudiés par notre savant naturaliste, M. Guérin-Méneville. Voici ce qu'il en dit :

« Les blés sont attaqués par la larve d'un coléoptère, ou mieux de plusieurs espèces d'un genre de coléop-tères très-répandu dans toute l'Europe. Cette larve, que les cultivateurs appellent le *ver*, se tient entre le collet et la racine des jeunes plants de blé, ronge toute cette partie et les principales racines, ce qui fait périr la plante. Ce ver est représenté très-grossi (fig. 7, B,

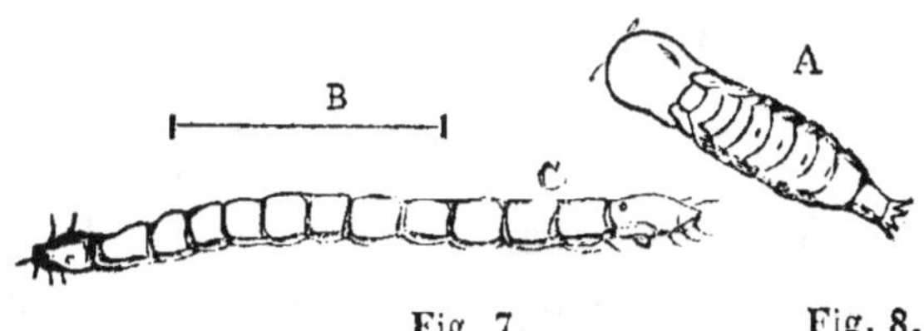

Fig. 7.   Fig. 8.

grandeur naturelle). Quand cette larve a assez rongé un pied de froment, elle en sort et passe à un autre, ou bien elle s'enfonce en terre, et se métamorphose en une chrysalide (fig. 8, A) qui ne tarde pas à devenir in-secte parfait (fig. 9).

(1) La moutarde a la réputation de préserver la récolte suivante du ver (Cycl. of Morton).

Beaucoup de fermiers intelligents considèrent la moutarde comme destructive du ver des blés (Idem).

« Cet insecte est ce qu'on appelle vulgairement un *maréchal*, un de ces petits coléoptères qui exécutent un saut très-élevé quand on les met sur le dos, en laissant échapper une espèce de ressort qu'ils ont sous la poitrine. C'est un taupin (*elater*), c'est l'*Elater ruficandis* des auteurs. Celui qui est représenté volant (fig.9, G) est l'*Elater lineatus* de Linné, que Bjerkander a nommé *E. segetis*, nom sous lequel il est signalé dans divers auteurs. On présume que la larve représentée fig. 8 appartient à la première espèce » (Guérin-Méneville, Encyclopédie moderne).

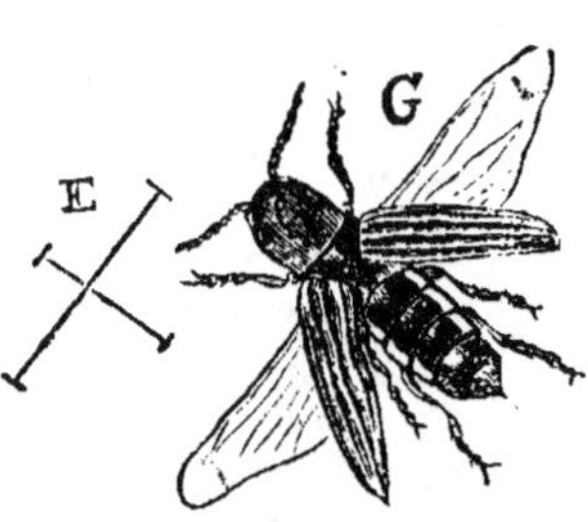

Fig. 9.

Si cette propriété destructive de la moutarde est reconnue, elle encouragera les agriculteurs à l'employer, soit comme fourrage d'arrière-saison, soit comme engrais vert. Récemment introduite en Angleterre, elle y a déjà pris une grande extension.

§ 4. — *Composition chimique.*

La composition de la moutarde blanche a été ainsi établie par le docteur Vœlcker (Cycl. of Morton):

	à l'état naturel	séchée à 100
Eau.	86, 30	0, 00
Fibres végétales.	4, 39	32, 04
Gomme, sucre et chlorophyle.	4, 40	32, 12
Albumen et autres principes immédiats de la chair.. . . .	2, 87	20, 95
Matières inorganiques (cendres)	2, 4	13, 89
	100, 00	100, 00

Les cendres de la moutarde blanche, analysées par James ont donné :

Potasse.	10, 02
Soude.	9, 48
Chaux.	21, 28
Magnésie.	11, 25
Oxide de fer.	1, 46
Acide phosphorique..	37, 41
Acide sulfurique.	5, 41
Chlorure de sodium..	0, 33
Acide silicique.	3, 36
	100, 00

« Un coup d'œil sur ces résultats d'analyse prouve
« que la plante dont nous nous occupons *exige* pour
« la perfection de ses graines une grande quantité d'a-
« cide phosphorique et d'acide sulfurique ; ce dernier
« existant dans la plante partie à l'état de combinaison
« avec une base, et partie à l'état de sulfure, qui, pen-
« dant la combustion exigée pour la production des

« cendres, se transforme en acide sulfurique. » C'est probablement pour cette raison que, malgré sa rapidité de première croissance, la moutarde est lente à former ses graines, qui exigent beaucoup de phosphore, bien rare dans les sols ordinaires non fumés, et que l'application du plâtre composé d'acide sulfurique et de chaux, a un très-bon effet sur la végétation de cette plante.

CHAP. II. — EMPLOIS DIVERS.

Les feuilles sont consommées en salade, mais rarement : elles servent surtout comme fourrages verts ou comme engrais à enfouir.

Les graines sont employées à la fabrication du condiment connu sous le nom de *moutarde* ; c'est un mélange trituré des graines pulvérisées avec une certaine quantité de moût de vin à demi-épaissi, ou de vinaigre et de farine. — En France, Dijon et Jarnac sont en réputation pour cette branche de commerce.

Les graines de moutarde sont aussi employées en médecine, soit à l'état de farine grossière pour cataplasme, soit à l'état d'huiles essentielles pour *sinapismes*. — « Distillées avec de l'eau, les graines de « moutarde fournissent une huile volatile qui possède « une odeur piquante et irritante, dont quelques gouttes

« versées sur la peau suffisent pour soulever une am-
« poule.

« Les graines comprimées donnent une huile jau-
« nâtre, employée pour l'éclairage. A Hohenheim (Vür-
« temberg) on a obtenu des graines de moutarde blan-
« che 22,2 d'huile et 77 de tourteau pour cent. » .

2ᵉ PARTIE. Culture de la moutarde blanche pour fourrage.

CHAP. Iᵉʳ. — VALEUR DE CE FOURRAGE.

§ 1. — *Qualités nutritives.*

La moutarde à l'état vert est recherchée des moutons ;
les vaches laitières en sont très-avides, et son action est
même si remarquable sur les facultés lactifères, que,
dans plusieurs localités, on la désigne sous le nom de
plante au beurre. — Seulement, on ne doit pas la donner longtemps seule, comme beaucoup d'autres aliments
du reste. Si donc on remarque qu'après huit ou quinze
jours les vaches ne la mangent plus avec la même avidité, on cesse de leur en donner, et quelques jours d'alimentation en foin suffisent pour qu'elles reprennent
avidement leur ration de moutarde. Du reste, il faut
commencer à la faucher environ une semaine avant la
floraison afin d'éviter d'être forcé vers la fin de la coupe

de la donner trop avancée, car les tiges sont alors dures et ligneuses.

« Il résulte, de l'analyse citée précédemment, que la « moutarde blanche à l'état vert contient une quantité « notable de matières nutritives ; mais, comparée au « trèfle, elle est inférieure puisque le trèfle vert contient « un peu plus de 3 p. 100 de principes azotés (ou prin- « cipes constituants de la chair); en outre, la moutarde « est plus aqueuse que le trèfle, qui ne contient que 76 « pour 100 d'eau ; par suite, la moutarde donne à éga- « lité de poids moins d'aliments solides que le trèfle ; — « et elle ne doit être donnée qu'avec précaution, surtout « aux animaux habitués précédemment aux aliments « secs » (Cycl. of. M.).

§ 2. — *Circonstances propres à son emploi ; place dans l'assolement.*

« Le produit de la moutarde blanche, comme fourrage, est trop inférieur à celui des récoltes-racines, pour qu'elle puisse jamais occuper leur place ; mais lorsque les racines font défaut, ce qui n'est que malheureusement trop fréquent sur nos meilleurs sols *à moutons*, les terrains calcaires et crayeux, la moutarde blanche est semée avantageusement pour fourrage d'automne; elle peut, en outre, être prise comme récolte dérobée, après des vesces printannières, des pois, etc., quand la saison est trop avancée pour qu'il soit possible de faire croître aucune chose de plus grande valeur.

« Une autre recommandation consiste en ce que la moutarde est une plante rustique, à prompte croissance, et dont les feuilles prennent une grande partie de leur nourriture dans l'atmosphère ; elle doit donc être considérée comme une plante améliorante, rendant au sol plus qu'elle n'en exige, et laissant par conséquent dans le sol une partie de la nourriture nécessaire à la récolte suivante (Cyc. of. M.).

« Enfin, semée dans la dernière semaine de juillet, ou en août, par un temps un peu favorable, elle est propre à enfouir ou à pâturer deux mois après, comptés du jour de l'ensemencement. Les moutons se conservent généralement bien en santé lorsqu'ils reçoivent exclusivement de la moutarde, mais ils accroissent peu. Il est préférable de leur donner pendant le jour un parcours sur quelque gazon et de les mettre à la nuit sur la moutarde ; ce mode doit être considéré sur les terres propres aux pâturages d'automne, comme une bonne et économique préparation pour froment, préférable sans le moindre doute au pâturage sur jachère nue comme cela se fait en quelques districts. »

CHAP. II. — TRAVAUX DE CULTURE.

§ 1. — *Ensemencement.*

On sème ordinairement la moutarde, fin de juillet ou en août, sur les chaumes, après les avoir détruits par un labour au scarificateur, ou, à défaut de cet instrument, par un hersage énergique. — Les herses norvégiennes ou les rouleaux fouilleurs, à longues dents courbées, sont très-propres à cette préparation, si ménés en accrochant. — Si l'on ne possède ni forte herse, ni scarificateur, ni extirpateur, il faut donner un labour léger, ce qui malheureusement exige plus de temps et de frais.

Les semailles doivent être faites par un temps couvert qui présage des pluies, car quelques jours pluvieux suffisent pour que les premières feuilles se développent rapidement et acquièrent assez de force pour que les *altises* ou *puces de terre* ne puissent nuire à l'avenir de ces plantes ; cette précaution est commune aux autres crucifères, telles que colza, navets, etc., attaquées à l'état cotylédonnaire par les diverses espèces d'altises.

Les semis se font ordinairement à la volée, à raison de 12 à 15 kilogr. de graine par hectare au moins, et 22 à 25 au plus.

Un avis de la Société centrale d'agriculture du département de la Seine-Inférieure, en conseillant cette culture comme fourrage d'arrière-saison et en constatant son extension dans l'arrondissement du Havre (Voyez l'*Agriculteur praticien*, page 200, année 1853-54) indiquait, comme quantité de semence, 26 kilogr. par hectare. Ce chiffre nous paraît un peu exagéré. — D'après la quantité des graines contenues dans un kilogramme, les plantes seraient espacées de cinq centimètres seulement. — On peut avancer que si le hersage précédant la semaille est bien fait, toutes les graines lèveront ; on peut donc, en circonstances favorables, économiser quelques kilogrammes de cette graine, qui, malheureusement, est assez chère en France : on peut compter sur 60 à 75 c. le kilogramme, ce qui porte le prix de la semence de 7 fr. 20 au moins à 18 fr. 75 au plus par hectare. On donne un hersage pour recouvrir. Une bonne manière de procéder serait de faire des semailles successives à des intervalles de quelques jours pour avoir du fourrage vert propre à consommer pendant un temps assez prolongé.

§ 2. — *Récolte.*

La moutarde doit être fauchée au fur et à mesure des besoins de la consommation : on commence une semaine avant la pleine floraison, *période de sa plus grande valeur alimentaire,* pour éviter que les dernières parties fauchées ne soient trop dures, trop ligneuses. — Si les semis se sont succédé de dix en dix jours pendant la dernière quinzaine de juillet et le mois d'août, la récolte peut commencer le 7 septembre et se continuer jusqu'au 15 novembre. On tiendra compte, dans cet arrangement, des travaux nécessaires à la culture qui doit suivre, de manière à ne lui causer aucun préjudice.

Les cultivateurs qui, dans les environs des grandes villes, spéculent sur la production du lait, pourront cultiver ainsi, chaque année, la moutarde avec avantage, sur une étendue proportionnée au nombre des vaches de leur étable, afin d'avoir encore des fourrages lorsque les regains de luzerne auront été consommés.

3ᵉ PARTIE. **Culture de la moutarde pour engrais verts.**

CHAP. I. — VALEUR DE LA MOUTARDE COMME ENGRAIS.

Il y a deux moyens de se rendre compte de la valeur d'un enfouissement de moutarde : 1º en se basant sur l'analyse de la plante et sur la quantité que l'on peut récolter, c'est pour ainsi dire le moyen théorique; 2º en se basant sur des faits précédents bien constatés, c'est le moyen pratique et qui inspirera le plus de confiance à nos lecteurs.

Or, d'après les deux auteurs anglais cités et traduits précédemment, praticiens très-experts, une moutarde enfouie serait équivalente à une DEMI-FUMURE *obtenue* pour le prix de la graine (8 à 10 francs) augmenté de celui du travail de l'ensemencement à la volée et d'un hersage pour recouvrir, car on ne doit compter ni le déchaumage, ni l'enfouissement, travaux dont les analogues auraient dû être faits dans le cas où l'on eût laissé la terre nue.

M. Kembal, Jun. de Buxal, d'après son expérience sur un *loam* argileux, dit : « La moutarde ayant été semée

« après des *pois* et enfouie pour préparation au *froment,*
« la différence dans la végétation de ce dernier était vi-
« sible à l'œil nu à une grande distance du champ. —
« A maturité, le froment venu sur la moutarde enfouie
« *était de 15 centimètres plus haut* que le voisin venu
« dans la même terre, traitée de même façon, mais ne
« contenant pas de moutarde ; en outre *il mûrit* DIX
« *jours plus tôt.* »

D'après une autre appréciation du même auteur praticien, *on obtint de 539 à 718 litres par hectare de plus*
sur *rompu* de moutarde que sur les terres fumées avec
du tourteau.

Enfin, Johnston rapporte « *qu'il est admis par les
agriculteurs praticiens qu'une récolte verte enfouie par
un labour enrichit le sol autant que les engrais provenant des bestiaux que pourraient nourrir, en vert, une
superficie trois fois plus grande.* »

Ces faits nous semblent suffisants pour tranquilliser
les praticiens qui voudront faire quelques essais.

CHAP. II. — TRAVAUX DE CULTURE DE LA MOUTARDE
BLANCHE DESTINÉE A SERVIR D'ENGRAIS VERT.

§ 1. *Ensemencement.*

On sème, pour engrais vert, 22 1|2 litres par hectare
à la volée, comme pour fourrages et avec les mêmes précautions et préparations (voir n° 20, chap. II) : l'hecto-

litre de graines pesant 64 kilogrammes, cela revient à semer 14 1|2 kilog. par hectare. Si le sol est frais, cette quantité suffit : mais en serrant un peu plus les graines lorsque le sol est sec, on retiendra mieux l'humidité ; nous ne pensons pas qu'il faille aller au-delà de 15 à 16 kilogrammes. La quantité précédente revient à environ 4 millions de graines par hectare, qui uniformément distribués donnent des plants espacés de 5 centimètres.

L'ensemencement doit se faire aussitôt que possible après la première récolte, c'est-à-dire en août. La semence est recouverte par un hersage, et il n'y a pas d'autres travaux jusqu'à l'enfouissement.

§ 2. *Enfouissement.*

Six ou huit semaines après l'ensemencement, la moutarde peut être enfouie : elle est alors en pleine floraison. Cette opération s'effectue par une charrue ordinaire, mais pour favoriser le retournement, on couche les tiges en attachant au manche du coûre une chaîne longue d'environ 0, 80 centimètres, et à l'extrémité de laquelle est fixé un poids ovoïde traînant en avant du versoir parallèlement au bord supérieur du versoir : cette chaîne tendue par l'effet du poids, couche les tiges sur une largeur précisément égale à celle de la bande que l'on veut retourner. Cette chaîne s'appelle enrayure. Un rouleau large de 33 centimètres fixé à l'avant de la charrue par une tige retenue par un étrier américain aurait le même effet, tout en rendant plus stable la charrue.

SECTION III.

CULTURE DU SARRAZIN.

Ire PARTIE. — **Étude de la plante.**

CHAP. I. — CARACTÈRES DIVERS.

§ I. — *Caractères botaniques.*

Le nom vulgaire SARRAZIN comprend diverses espèces du genre *polygonum*, de la famille des polygonées.

La plus répandue est le *polygonum fagopyrum* ou SARRAZIN ORDINAIRE, comme il est appelé en France, d'après la croyance qu'il fut importé par les croisés.

Ses noms allemand et anglais sont composés de deux mots *froment* et *hêtre ;* comme le froment, il donne, en effet, très-facilement de la farine, et la forme de sa graine ressemble beaucoup à celle du hêtre. — Le nom botanique de l'espèce *fagopyrum* rappelle aussi cette ressemblance des graines du sarrazin et du hêtre. Cette plante est droite, la tige branchue, les feuilles sont en forme de cœur (fig. 10) et ressemblent à celles du lierre et placées alternées sur les tiges ; les étamines sont au nombre de huit entre lesquels sont huit glandes. Le fruit est à très-peu près un tétraèdre régulier (fig. 11).

La seconde espèce est le SARRAZIN DE TARTARIE (*pol. tartaricum*) que l'on distingue du précédent, en ce que les bords de ses graines sont rudes, raboteux.

Il est une espèce que l'on regarde comme préférable,

Fig. 11.   Fig. 10. — Sarrazin ordinaire.

et qui, connue sous les noms de SARRAZIN DE TARTARIE OU DE SIBÉRIE, fut, en 1782, très-préconisée par M. Martin. Cette variété, qui a été apportée de la Sibérie par un missionnaire du Bas-Maine, convient surtout au nord de la France : elle est plus robuste que la précédente; elle verse moins et produit davantage. Le grain en est plus petit, la tige plus jaunâtre et plus compacte. Suivant M. Curaut, qui appelle ce grain *blé-martin* (en l'honneur de M. Martin dont nous venons de parler), le *sarrazin de Tartarie* ne craint ni les vents chauds, ni les gelées blanches ; il donne pour un grain semé jusqu'à deux mille grains dans les bons terrains, et partout ailleurs de cinquante à trois cents et plus; il produit une meilleure farine, et peut se conserver aussi bien et aussi longtemps que le blé. Ces avantages incontestables sont accompagnés de quelques inconvénients : d'abord le *sarrazin de Tartarie* s'égrène à la récolte plus facilement encore que le *sarrazin commun*, et exige par conséquent un surcroît de précautions ; ensuite il est presque aussi lent à moudre que le seigle, et on ne doit le semer qu'en juillet, époque à laquelle les travaux des fenaisons abondent. (L'abbé Rozier et L. Dubois.)

M. **Turmelin**, qui habitait les environs de Saint-Brieuc, assure qu'il a obtenu dans la même année deux récoltes de *sarrazin de Sibérie*. Il avait d'abord semé en mars, et récolté à la fin de juin, puis, dans le même terrain, semé de nouveau en juillet et recueilli dans les derniers jours d'octobre. Cette variété doit être semée un tiers plus clair que le *sarrazin commun* : sa paille n'est pas propre à servir de fourrage aux bestiaux sous lesquels on peut l'étendre en litière. (L'abbé Rozier et L. Dubois.)

La troisième espèce, très-peu connue, est le *pol. emarginatum*, dont les graines présentent des bords larges et épais et dont les feuilles sont plus larges.

Une troisième variété de *sarrazin* mérite aussi d'être cultivée : c'est celui que l'on désigne sous le nom d'*emarginatum*. Il s'élève à la hauteur de ceux dont nous venons de parler : il produit abondamment ; il est précoce. (*Id.*)

La quatrième espèce mérite beaucoup d'attention en raison de sa rusticité et de son fort produit en feuilles et tige. — C'est le sarrazin persistant (*polygonum cymosum*). — Plante pérenne.

M. Parmentier cite encore des variétés du *sarrazin de Sibérie*, qui sont cultivées en Suède, et entre autres une variété finlandaise, plus précoce que les autres, plus robuste, qui a l'avantage d'être vivace et de pouvoir se multiplier, soit par semis, soit par drageons. Elle croît, dit cet excellent agronome, en Daourie, aux extrémités de la Sibérie, près de la Tartarie chinoise, dans un pays montagneux. (*Id.*)

§ 2. — *Caractères physiques.*

Les sarrazins croissent en tiges herbacées, fortes, cylindriques et branchues, d'une couleur rouge. Les fleurs sont blanc rosé dans les deux premières espèces ; la hauteur que peut atteindre le sarrazin varie suivant les espèces et surtout suivant la richesse et la préparation du sol. En terres pauvres, arides, les tiges s'élèvent peu et les fleurs paraissent promptement ; — en terres plus riches ou un peu fraîches, les tiges s'élèvent davantage : la hauteur la plus commune est de 60 à 75 centimètres, — pour les deux premières espèces ; — le Polygonum cymosum peut dépasser de beaucoup ces hauteurs.

Un caractère de ce genre de plantes consiste en ce que les feuilles et les jeunes pousses sont acides et agréables, tandis que les racines sont toujours nauséabondes et purgatives ; — elles sont astringentes.

§ 3. — *Caractères culturaux.*

On trouve le *sarrazin commun* à l'état sauvage en Perse, d'après Rham ; — d'après Lindley, on le trouve de même dans le Népaul, la Chine et la Sibérie, et il est d'une culture habituelle partout où les grains peuvent croître. Comme nous l'avons déjà dit, sa culture fut, suivant quelques auteurs, introduite en France par les croisés ;— selon d'autres, les Maures l'introduisirent d'Afrique en Espagne.

Le sarrazin commun (Poly. fagopyrum) vient sur les terres les plus pauvres, pourvu qu'elles ne soient pas humides.

Le sarrazin de Tartarie est une espèce plus rustique que la précédente : elle résiste mieux aux grandes chaleurs et aux gelées du printemps et de l'automne.

Cette qualité et son grand développement en feuilles doivent le faire préférer.

Tous les sols conviennent au sarrazin de Tartarie ; mais végétant avec vigueur sur les terrains médiocres, sur les terres siliceuses, granitiques ou calcaires pauvres, c'est sur de semblables sols qu'on le cultive de préférence. Lorsque les terres conservent un peu de fraîcheur pendant le mois de juillet, il prend un développement considérable et couvre complètement la terre par ses tiges et ses feuilles. Les seuls terrains sur lesquels il ne réussit pas, sont ceux qui sont très-argileux et humides.

Toutefois, pour que le sarrazin de Tartarie puisse donner de bons produits sur les terres légères et pauvres, il est nécessaire que la couche arable ait été bien préparée, c'est-à-dire parfaitement ameublie.

La troisième espèce (Polyg. emarginatum) ne fleurit que difficilement dans le nord de la France.

La quatrième espèce est recommandable sous le rapport de son grand produit en tiges et feuille, et pourrait être adoptée avantageusement ; mais, pour le but que nous proposons, *fourrages ou engrais verts* en CULTURE DÉROBÉE, le sarrazin ordinaire et surtout le sarrazin de Tartarie, doivent être préférés en raison de leur prompte croissance. Dans ces deux espèces les fleurs paraissent successivement, s'épanouissent et passent à graines jusqu'à ce que la plante soit détruite par les gelées.

« Le sarrazin ordinaire possède l'avantage de croître parfaitement sur les sols sablonneux, légers, trop pauvres pour porter de l'orge, et sur ceux trop secs et trop arides pour porter de l'avoine. — Dans la circonstance fâcheuse de sécheresse et légèreté du sol, le sarrazin peut croître, lorsque *nulle autre céréale* ne pourrait résister, et on doit par suite l'essayer sur les champs à sols légers de la ferme, dans les parties abritées, si l'on se trouve en climats froids, et il doit être semé sur une *terre neuve* sans fumier, comme préparation à une récolte verte.— Une terre fumée pousse à la croissance en tiges et en feuilles, et retarde la formation des semences.—Le sarrazin craint les gelées ; s'il est semé au printemps, avant que les gelées ne soient absolument passées, la récolte est inévitablement détruite. (Hy. Stephens.)

Le sarrazin est cultivée sur une grande partie des contrées du Nord de l'Europe, où il a été introduit dans le xve siècle : — il est beaucoup cultivé sur les plateaux du centre de l'Asie.

§ 4. — *Composition chimique.*

La composition des tiges vertes du sarrazin, suivant Crome, est :

Eau	82, 5
Fécule	4, 7
Fibres ligneuses	10, 0
Sucre	0, 0
Albumine	0, 2
Matières extractives et gomme	2, 6
Matières grasses	0, 0
Phosphate de chaux	0, 0
	100, 0

La composition des graines du sarrazin, suivant Zen-nich, est celle qui suit, mais ce travail n'est pas complet :

Balle, coquille ou enveloppe . . 26, 9
Gluten ou matière analogue. . . 10, 7
Fécule 52, 3
Sucre et gomme 8, 3
Matière grasse 0, 4

Total. 98, 6

Les cendres sont dans la proportion de 2, 125 pour cent, et leur composition, d'après Bichau, est la suivante :

Potasse. 8, 74
Soude 20, 10
Chaux. 6, 66
Magnésie 10, 38
Oxide de fer. 1, 05
Acide phosphorique 50, 07
Acide sulfurique. 2, 16
Silice. 0, 69

99, 85

D'après Boussingault, il y a dans 100 parties : 12,5 d'eau et 2,1 d'azote ; son équivalent serait donc de 55 ; c'est-à-dire que 55 kil. de sarrazin remplaceraient 100 kil. de foin de pré. — D'après le système théorique de Fresenius, il faudrait 93 kil. 42 de sarrazin, et enfin, d'après les expériences directes de Petri, il ne faudrait que 64 k. de sarrazin pour remplacer 100 kil. de foin.

La quantité de matières nutritives produites par un hectare de sarrazin, donnant une récolte de 27 hectolitres, pesant 1458 kilogrammes, ou 54 kilogrammes à l'hectolitre, est d'après Johnston :

Balles ou enveloppes. . . .	350 k.	892 gr.
Fécule, sucre, etc..	729	000
Gluten, etc.	112	155
Matières grasses ou huileuses	5	608
Matières salines.	22	553
Total	1220	208

CHAP. II. — EMPLOIS DU SARRAZIN.

§ 1er.— *Emplois des graines.*

Les semences du sarrazin abondent en farine qui se sépare par l'action des meules aussi aisément que celle des grains de froment, seigle, etc., ce qui fait que la farine de sarrazin est beaucoup employée pour la nourriture de l'homme dans quelques contrées. — C'est l'aliment habituel des plus basses classes dans le nord de l'Italie, où il entre dans la composition de leur mets favori, — *la Polenta* ;—il est consommé en grande quantité dans toutes les parties centrales de l'Asie et de l'Europe, et forme une partie importante des récoltes de l'Amérique du Nord. — La farine manquant de *gluten* proprement dit (partie fermentescible) est plus applicable à la confection des galettes, des bouillies, ou des pâtisseries que pour le pain. — En Angleterre, le principal emploi du sarrazin est de servir à la nourriture des animaux de basse-cour, des faisans, etc. (Hy. Stephens).

Le sarrazin est un excellent aliment pour les porcs (*Idem*).

Les semences de sarrazin sont, en quelques contrées, employées à la nourriture de l'homme, la farine *albumineuse* étant mêlée avec une portion de farine de froment: de ce mélange on fait un pain grossier. Il est aussi employé dans les distilleries, à Dantzig, pour certaines liqueurs (Johnston).

Le sarrazin vient à peu près dans toute sorte de terrains ; toutefois il préfère les terres légères et non humides, ainsi que les expositions qui sont à l'abri des émanations marécageuses et des vents du nord ou du nord-est. A la vérité, le sarrazin n'occupe le sol que pendant trois à quatre mois : il rend beaucoup dans les bonnes années ; il étouffe les plantes parasites, et il en nettoie le terrain où il a été semé : il offre, enfoui vert à propos, un excellent engrais ; sa farine donne aux hommes une bouillie très nourrissante, et aux volailles une pâtée qui les fait bien et promptement engraisser. Mais aussi que d'inconvénients viennent se placer auprès de ces avantages ! Le sarrazin offre toujours une récolte très précaire : comme on ne le sème qu'en mai ou même qu'en juin, si le temps est sec, comme il arrive souvent à cette époque, il ne lève pas ; s'il survient des gelées, la plante naissante périt tout à coup. Levé et déjà grand, il redoute aussi la sécheresse, parce qu'il ne s'empatte jamais bien ; fleuri, il est encore plus délicat ; les brouillards, les gelées, les coups de soleil, les pluies (mais non pas les éclairs, quoi qu'on en dise) neutralisent ses étamines et stérilisent la plante entière. Son pain est extrêmement indigeste et d'une saveur désagréable ; la farine est même rebelle à la panification ; on ne peut l'employer que fraîchement moulue ; les moulins ordinaires ne sont pas propres à l'extraire du grain qui ne demande qu'à être froissé pour se débarrasser sans mélange du son très cassant qui l'enveloppe. La culture du sarrazin est pénible : il exige un terrain très ameubli, travaillé avec soin, et bien amendé avec des charrées, de la poudrette, des fumiers brûlés et des terreaux; dans plusieurs cantons même on est forcé d'écobuer la terre, d'en brûler les mottes, et de mêler leurs débris avec le reste du sol ; opération pernicieuse qui ayant ordinairement lieu dans des terres arides et déjà friables, achève d'en enlever le gluten et finit par les effriter entièrement. Sully, qui connaissait tous les inconvénients de cette culture, et qui savait sans doute combien est précaire la récolte du sarrazin qui, à proprement parler, ne donne guère une moisson entière que tous les cinq ou six ans, voulait proscrire ce grain, qui en effet ne réussit, quoi qu'on en dise, que dans les terrains d'où l'on pourrait avec plus d'avantages obtenir les céréales, plus utiles et qui servent mieux à nos besoins.

« Indépendamment de la nourriture que le sarrazin procure aux porcs et aux volailles surtout, auxquelles il donne promptement une graisse fine et délicate, il sert à nourrir les hommes lorsqu'ils n'ont pas de meilleurs grains à manger. Cependant c'est à tort qu'on le prépare en pain, soit avec sa farine seule, soit en la combinant avec d'autres farines; on n'en retire qu'une masse indigeste, insipide, et même funeste, s'il est vrai, comme on n'en saurait douter, et comme l'assure Cabanis, qu'il occasionne « un défaut d'intelligence. pres- « qu'absolu, une lenteur singulière dans les détermi- « nations et les mouvements.» Il ajoute que « les hommes « sont d'autant plus stupides et plus inertes qu'ils vivent « plus exclusivement de cet aliment. » M. Parmentier, auquel la boulangerie et l'agriculture même ont tant d'obligations, a fait l'épreuve constante que le sarrazin n'était nullement propre à composer du pain ni à s'allier avec les autres farines susceptibles de la fermentation panaire. Il faut donc, dans les pays où l'on s'obstine à le cultiver pour la nourriture de l'homme, se borner à l'employer en bouillie, dans laquelle on a remarqué que le lait écrémé entrait avec plus de succès que le lait fraîchement trait. Refroidie et coupée par tranches, cette bouilie qui devient compacte, est bonne, frite ou grillée. On fait encore avec la farine de sarrazin des crêpes que l'on fait frire sur une galetière légèrement beurrée; ces crêpes sont d'autant meilleures et d'autant plus faciles à digérer qu'elles sont plus cuites et qu'on y a mélangé plus d'œufs bien battus avec du lait écrémé; enduites toutes chaudes encore de beurre frais et saupoudrées de sel fin, ces crêpes ou galettes sont très agréables, et son dans quelques contrées, l'objet de parties de campagne fort gaies.

« Lorsqu'on destine le sarrazin aux volailles, il est à propos de le faire bouillir pour le gonfler et briser légèrement son enveloppe. Demi-moulu et mêlé avec l'orge, il nourrit et échauffe convenablement les chevaux et les autres animaux de la ferme. Coupé vert, il donne du lait aux vaches; il est préférable encore lorsqu'on l'a semé avec les vesces et les pois pour le faner avec ces fourrages.

« La paille du sarrazin fournit peu de litières, les chevaux la mangent avec quelque plaisir; mais on peut tirer de ses cendres une potasse précieuse pour la composition du verre (id.). »

Emploi des fleurs. — Tous les sarrazins sont la ressource favorite des abeilles (Hy. Stephens).

Emploi des tiges et feuilles.— L'emploi le plus convenable du sarrazin est comme fourrage vert pour le bétail, et surtout comme engrais vert à enfouir sur place pour transformer économiquement des terres sèches, légères, pauvres, éloignées de la ferme, en terres productives. L'espèce la plus à conseiller pour produire de la graine est le sarrazin commun (Poly. fagopyrum), et pour fourrage ou engrais vert, le sarrazin de Tartarie (Pol. tartaricum). Nous n'étudierons ces plantes qu'au point de vue de leur emploi comme fourrage ou engrais vert.

IIᵉ PARTIE. — **Culture du sarrazin pour fourrage**.

CHAP. I. — VALEUR DU SARRAZIN COMME FOURRAGE.

§ 1. — *Qualités nutritives.*

Théoriquement, les tiges et feuilles de sarrazin auraient pou équivalent 575, c'est-à-dire qu'il faudrait 575 kilogr. de feuilles et tiges vertes de sarrazin pour remplacer 100 kilogr. de foin de pré; et par rapport au trèfle rouge donné vert, dont 311 kilogr. remplacent 100 de foin, il faudrait théoriquement 184 1\2 kilogr. de sarrazin pour remplacer 100 kilogr. de trèfle vert.

Quelques personnes (M. Vilmorin entr'autres) ont reproché au sarrazin donné en vert aux bêtes à cornes ou aux bêtes à laine; de produire des vertiges chez certains animaux, et de déterminer sur d'autres la météorisation. L'expérience a prouvé que le premier de ces reproches n'est pas fondé, et qu'on peut sans crainte les alimenter pendant plusieurs semaines avec ce fourrage. Quant à la météorisation, si elle a lieu, ce n'est pas parce que les animaux ont consommé du sarrazin vert, mais bien parce qu'il leur a été administré en trop grande quantité. On sait, du reste, que le propre des fourrages verts est de météoriser les animaux qui en reçoivent des quantités trop fortes pour leur appétit, leur volume et leur poids.

Le sarrazin de Tartarie, si remarquable par sa propriété de végéter avec vigueur sur les sols pauvres, les

terrains secs, est une plante qu'il faut regarder comme
un fourrage pouvant rendre de très-grands services.

Dès que les trois quarts des grains sont secs, noirs, et
par conséquent mûrs, quoique la cime de la plante soit
encore en fleurs, on procède à la récolte. Si l'on atten-
dait plus tard, une partie des grains détachés de la tige
tomberait sur le sol et serait perdue; même en faisant
la moisson à l'époque indiquée, il y a encore une perte
assez considérable. Afin qu'elle soit moindre, on doit
choisir pour recueillir le sarrazin les moments pendant
lesquels la rosée ou une petite pluie fine contiennent le
grain à sa place. La grande chaleur fait égrener rapidement le sarrazin; elle n'est utile que pour le dessécher
et l'achever de mûrir lorsqu'on l'a placé sur le champ en
javelles, que l'on lie par le sommet et que l'on dresse en
écartant leur base, pour les mieux assujettir et les faire
sécher plus promptement. Pour éviter la perte que l'é-
grenage occasionne, on préfère l'arrachement du sarrazin avec la main, qui l'ébranle peu, à la fauchaison, qui
l'agite trop fortement.

Quelques jours d'un beau soleil suffisent pour complé-
ter la maturité du grain et la dessiccation des tiges.
Aussitôt que ce terme est arrivé, on nettoie une aire, et
avec le fléau, comme pour les autres grains, on bat le
sarrazin. Il est prudent de ne pas le vanner aussitôt: ce
grain est sujet à s'échauffer et à s'altérer au grenier
lorsqu'on ne lui conserve pas ses balles. On l'étend et
on le remue tous les quinze jours pour l'aérer; et lorsqu'on en a besoin pour la nourriture, soit des hommes,

soit des porcs et des volailles, on le vanne. On ne doit aussi le moudre qu'à mesure qu'on a besoin de sa farine.

« Comme après la récolte et le battage il reste à terre beaucoup de grains (et ce sont toujours les meilleurs et les mieux nourris), il est à propos de conduire sur les lieux les volailles de la ferme, qui trouvent abondamment à manger d'un grain dont elles sont très-friandes. On peut évaluer à un quinzième la perte que l'égrenage fait éprouver à cette moisson.

« Dans les bonnes années le sarrazin peut rapporter cent grains pour un : ce serait un excellent produit si ces bonnes années étaient fréquentes ; mais malheureusement elles sont rares, et, comme nous l'avons dit plus haut, elles ne reviennent au plus tôt que tous les cinq ans. J'ai vu plusieurs années consécutives pendant lesquelles la récolte non-seulement n'a pas indemnisé des frais de culture, mais même n'a pas donné une seule tige. » (Rozier et L. Dubois.)

§ 2. — *Production.*

Quand les semis ont réussi, lorsque des sécheresses extraordinaires et prolongées n'ont pas arrêté le sarrazin de Tartarie dans sa croissance pendant le mois de juillet, on peut compter par hectare sur une production verte de 20,000 kilogr. Ce produit s'élève parfois jusqu'à 30,000 kilogr. quand on a allié au sarrazin des poi gris. Un hectare de ce sarrazin donnerait donc une quantité de nourriture verte équivalant soit à 3,480 ou

5,220 kilogr. de foin de pré, soit à 10,840 ou 16,260 kilogr. de trèfle vert.

§ 3.—*Circonstances propres à son emploi et place dans l'assolement.*

Cette plante n'est guère à conseiller comme plante d'assolement, mais bien comme pouvant remplacer des récoltes manquées, ou comme récolte dérobée. Le sarrazin demande un sol bien préparé ; mais sa croissance est si rapide, que dans les climats où l'on peut espérer un automne tempéré, il est possible de le semer après la récolte des blés ou des colzas, et l'enfouir pour préparation à une céréale.

CHAPITRE II. — TRAVAUX DE CULTURE.

§. 1.— *Ensemencement.*

Le sarrazin ne doit pas être semé plus tôt que la dernière semaine de mai pour les climats tempérés, non trop sujets aux gelées tardives, et à la fin de juin seulement pour les climats plus froids. Semé fin de mai, la plupart des fleurs passent à fruit en septembre.

Rozier prétend que l'on peut semer le sarrazin à deux époques, suivant les circonstances ou plutôt le climat, soit en mai lorsqu'on ne craint plus guère les gelées tardives, soit après la récolte des blés ou des seigles. Cette dernière méthode, qui peut convenir dans les départements méridionaux, n'est pas admissible dans les autres contrés de la France, puisqu'on n'y a généralement terminé la récolte des seigles et des blés que dans le courant du mois d'août, époque à laquelle il serait impossible de semer le sarrazin, qui, ayant besoin d'occuper le terrain pendant quatre mois, ne serait mûr qu'en décembre, ou pour mieux dire ne mûrirait pas du tout, les gelées d'octobre suffisant pour le faire périr avant terme.

La terre qui doit recevoir le sarrazin sera labourée avec soin, très-ameublie, et, pour peu qu'elle soit maigre, amendée, soit avec des charrées, soit avec de la poudrette, ou avec des curures de fossé bien mûries, ou bien encore avec des mottes de terre et des bruyères réduites en cendre. Le sarrazin exige deux tiers de semence de moins que les seigles et les blés. Si le temps est un peu pluvieux et la terre fraîche, le grain lèvera promptement et couvrira bientôt le sillon dans lequel il doit être peu enterré au moyen de la herse ou des râteaux. On le sème en planches ou en sillons fort larges, afin de ménager le terrain, qui n'a pas, comme pour les grains d'hiver, besoin de raies et de surhaussement, puisque le sarrazin n'occupe la terre qu'une centaine des plus beaux jours de l'année.

Comme cette plante est très-sensible aux vents roux et aux gelées qui peuvent survenir à l'époque de sa fleuraison, quelques agriculteurs ont imaginé d'élever, de place en place, du côté du vent, de petits monceaux d'herbes demi-sèches qu'ils recouvrent d'un peu de terre, et auxquels ils mettent le feu; le vent en promène la fumée sur la surface du champ, et détruit les effets de la

froidure qui glacerait les étamines des fleurs et les ferait
périr.

Aussi, quand le sarrazin est cultivé pour fourrage, il
peut être semé tardivement, comme récolte dérobée et
prêt à couper ou pâturer vers la fin d'octobre.

Les seuls travaux nécessaires sont ceux de préparation
pour l'ensemencement. Lorsque le sarrazin est cultivé
pour la graine, on laboure en hiver les chaumes d'avoine
qu'on lui destine ; on donne, au printemps, un second
labour croisant le premier, puis la terre est hersée et
nettoyée des mauvaises herbes ; elle est de nouveau labourée, hersée et nettoyée à la main. Ces travaux de
printemps exigent un certain temps, aussi peut-on ne
faire que des quasi labours au scarificateur, à la herse
norvégienne ou toute autre herse énergique.

Lorsque le sarrazin devra être cultivé en récolte dérobée sur chaumes de céréales, on donnera un labour de
déchaumage à l'extirpateur ou avec une charrue double,
puis un hersage énergique.

Le sarrazin est toujours semé à la volée, à raison de
90 à 180 litres par hectare. On a quelquefois recomman-
dé, en Angleterre, de le semer en lignes écartées de 30
centimètres.—Lorsque la semence a été mise en terre et
enfouie à la herse, la plante ne demande aucun autre
soin jusqu'à la récolte. Destiné à servir de fourrage vert,
le sarrazin doit être semé à des époques successives de
huit en huit jours , par exemple , pour que la totalité du
fourrage puisse être donnée lorsqu'il est en pleine flo ·
raison.

5

Si la terre a été mal labourée, mal hersée, si elle présente des mottes volumineuses à sa surface, les semences germent difficilement et la couche plus exposée à se dessécher que si elle avait été très divisée avant les semailles par des façons multipliées.

Dans les terres légères et médiocres, il y a avantage à rouler le sol après son ensemencement, afin de concentrer autour des graines et dans le sol une plus grande raîcheur. Les semences montrent ordinairement leur cotylédons huit jours après la semaille. Ces cotylédons sont au nombre de deux ; ils sont développés et leur forme est presque cordiforme.

Quelquefois, dans le but d'augmenter la valeur nutritive du fourrage, on sème quelques doubles décalitres de pois gris par hectare. Sous l'abri protecteur du sarrazin de Tartarie, qui a un développement très rapide, cette légumineuse végète beaucoup mieux qu'elle ne l'aurait fait si elle avait été semée seule, et par ses vrilles elle s'attache aux tiges du sarrasin et prend parfois une élévation satisfaisante.

§ 2. — *Récolte.*

Semé de la fin de mai à la fin de juin, le sarrazin peut être coupé, pour servir à la nourriture des animaux, bœufs et moutons, de la fin d'août à la fin de septembre. — Si l'ensemencement a eu lieu sur un chaume rompu en juillet ou en août, le fourrage peut être coupé du 15 au 30 octobre.

La fauchaison se fait lorsque les fleurs sont complétement épanouies et quand on remarque des graines bien formées sur les corymbes premièrement développés. Si l'on fauche trop tôt, les plantes contiennent beaucoup d'humidité et elles sont moins alimentaires. Lorsque la fauchaison, au contraire, a lieu plus tardivement, les tiges sont plus fermes et les graines, déjà développées, renferment une certaine quantité de partie amylacée. Ces graines augmentent beaucoup la valeur nutritive du fourrage.

Lorsque les semis ont été faits à des époques différentes et successives, on peut alimenter des vaches ou des bœufs avec le fourrage vert que produit le sarrazin de Tartarie, depuis le mois d'août ou du moins de septembre jusque dans la première quinzaine d'octobre.

On peut encore considérer le sarrazin comme engrais, et dans cet emploi il peut devenir de la plus grande utilité. Il donne en peu de temps un fumier excellent, qui consommé rapidement, est très propre aux terres que l'on destine aux seigles et aux blés. Il est à la fois économique et commode ; il est prouvé que 40 kilogr. (1) de semences, dont le prix est de 4 fr. environ, peuvent amender suffisamment 1 hectare. Cet engrais est très précieux, surtout pour les pays où les fumiers sont rares et où les terres préfèrent aux amendements minéraux et

(1) Nous devons faire remarquer qu'en le semant tardivement pour engrais vert en récolte tardive dérobée, il faut mettre de 45 à 90 kilog. de graines. Le chiffre 45 ne convenant que dans les cas où le terrain conserve en août assez d'humidité.

animaux les substances végétales. Pour parvenir au but proposé, on laboure en avril, on donne un second labour à la fin de mai, on ameublit bien la terre et on sème à l'ordinaire le sarrazin. Au bout de deux mois ou de deux mois et demi, c'est-à-dire, lorsqu'il est parvenu au plus haut période de sa végétation, et qu'il ne ferait plus que se dessécher pour mûrir, on l'enfouit en labourant. Bien recouvert de terre, il ne tarde pas à entrer en fermentation, et il est promptement consommé. On peut presque aussitôt, dans les pays chauds, semer une seconde fois du sarrazin qu'on laisse mûrir; et dans les pays plus froids, on peut tirer parti de cet engrais pour les grains destinés à passer l'hiver. Il est facile de démontrer que cet amendement, très bon sous tous les rapports, coûte beaucoup moins cher que les fumiers, et cela dans la proportion d'un à huit. Il paraît que cette découverte importante est due à l'illustre La Chalotais. On lit ce qui suit dans les observations de la Société d'agriculture de Bretagne : « Lorsque le sarrazin est en fleur, on le couvre de terre par un labour : peu de jours après, il est assez ordinaire de voir tout le terrain chargé d'une vapeur épaisse comme les brouillards qui s'élèvent sur les marais. » Il résulte de cet engrais, qui à la vérité dure moins que les autres, mais qui aussi coûte beaucoup moins cher, que l'on peut épargner au sol l'affront des jachères, se procurer sans transport un bon amendement, nettoyer rapidement le sol des herbes parasites qui l'embarrassent, et suppléer dans certains cantons à

la rareté des matériaux propres à féconder les terres
(Rozier et L. Dubois).

IIIᵉ PARTIE. — Culture du sarrazin pour engrais vert.

La préparation de la terre et l'ensemencement doivent être faits dans ce cas, comme dans celui ou le sarsazin doit être récolté pour fourrage.

L'enfouissage se fait comme pour la moutarde blanche, en attachant au coutre de la charrue une *enrayure* ou petite chaîne terminée par un poids qui la tient tendue et fait coucher les tiges devant le versoir et par suite rend l'enfouissage complet.

SECTION IV.

CULTURE DU LUPIN BLANC.

CHAP. 1er. — ÉTUDE DE LA PLANTE.

§ 1er. — *Caractères botaniques.*

Les lupins sont des plantes annuelles de la famille des légumineuses. — « Le genre LUPIN (*Lupinus*, Tourne-
« fort) comprend environ quarante-six espèces dissé-
« minées sur les deux continents ; ce sont toutes de
« fort belles plantes, au port gracieux, à feuilles presque
« toujours digitées et à fleurs dont le bel épi terminal
« se colore selon les espèces, de toutes les nuances, du
« blanc, du jaune et du bleu. »

LE LUPIN BLANC (lupinus albus L.) est le seul du genre dont aient parlé les anciens : il s'élève à environ 65 centimètres ; ses fleurs sont blanches, disposées en grappes droites et sont dépourvues de bractées ; ses graines sont blanches et lisses, assez larges et sensiblement comprimées.

Le lupin jaune des champs et le *lupin bleu* diffèrent du précédent par la couleur de leurs fleurs, — jaunes — ou bleues panachées de blanc, par la forme des feuilles, étroites dans le lupin bleu, et enfin par la forme des graines plus ovales dans ces deux dernières espèces, et grises piquetées de blanc dans la dernière.

§ 2. — *Caractères culturaux*.

« Le lupin blanc (*lupinus albus*) est une plante annuelle, abondante sur les friches dans le sud de l'Europe, et employée comme engrais vert à enfouir lorsqu'il est en fleur ; il tire son nom de *lupus*, — loup, — par allusion à sa voracité, c'est-à-dire qu'il épuise rapidement les terres de leurs principes alcalins. Cette particularité toutefois le rend particulièrement utile pour la fonction agricole à laquelle on le destine. En effet, ses longues racines pivotantes (tap-roots), pénètrent profondément en terre, enlèvent tout ce qu'elles trouvent là, et, par suite, quand par enfouissement, la plante est rendue à la terre, les MATIÈRES ALCALINES qu'elle avait absorbées profondément, sont laissées près de la surface, *à la portée des plantes plus traçantes et moins voraces,* — au lieu de rester enterrées dans le sous-sol où le blé ou toute autre plante difficile ne pourrait aller les chercher.

« En outre des matières salines qu'il rend utilisables, le lupin enfoui produit une très-considérable quantité de matière végétale proprement dite, qui, en se décomposant, ajoute à la fertilité du sol — Les graines noires (bitter), sont de petite valeur. — Proche Paris, cette plante n'est pas semée plus tôt que le milieu d'avril ; elle est, en fait, incapable de supporter les gelées ; les périodes d'ensemencement doivent, par suite, être nécessairement déterminées par le climat de la contrée. — Suivant M. Vilmorin, l'engrais vert fourni par cette plante est excellent. Les graines trempées dans l'eau forment un bon aliment pour le bétail, et la jeune plante est mangée avec empressement par les moutons. — Un des principaux avantages de la culture du lupin blanc, consiste en ce qu'il réussit bien sur de très-mauvaises terres, tels que sables graveleux et argiles maigres, sur lesquelles il produit un très-profitable effet. » (*J. Lindley.*)

Nous ajouterons que dans les terrains calcaires, il reste très-petit et que les fleurs ne peuvent fructifier.

§ 3. — *Composition chimique.*

Les analyses les plus récentes, les seules même qui, croyons-nous, aient été faites de ces végétaux, ont fourni à leur auteur, **M.** Eichhorn, les données suivantes :

La quantité d'azote contenue dans 100 parties de la plante, se trouve répartie comme suit :

	A l'état frais.	Séché à l'air.
Lupin bleu	0,399	1,683
Lupin jaune . . .	0,460	1,613

Or, en admettant que la masse totale de la plante séchée renferme 40 à 50 p. 100 de carbone, on trouve que l'azote est à ce carbone comme 1 est à 23, pour les lupins bleus, et comme 1 est à 14 pour les lupins jaunes. D'après Boussingault, le rapport de l'azote au carbone, dans le fumier d'écurie, est représenté par la proportion

1 : 23,5. Les lupins l'emportent donc sur cet engrais par la quantité d'azote qu'ils renferment.

Quant à la valeur des gousses comme fourrage, voici l'analyse du docteur Eichhorn.

100 parties de gousses séchées à l'air contiennent :

	Lupin bleu.	Lupin jaune.
Azote, matière nutritive.	2,70	2,38
Azote libre.	46,61	45,10
Oxygène.	31,42	31,96
Matières grasses.	1,61	0,91
Sels.	2,85	2,77
Eau	14,81	13,88

(Olivier Duvivier.)

CHAP. II. — CULTURE DU LUPIN BLANC COMME FOURRAGE OU ENGRAIS VERT.

La végétation des lupins n'est pas aussi rapide que celle du sarrazin, du moutardon et de la moutarde blanche ; ils ne seraient guère possibles en culture dérobée pour fourrage ou engrais vert que dans nos départements méridionnanx sur un terrain bien préparé et frais : aussi ne le mettons-nous qu'en quatrième ligne.

On sème de 120 à 150 litres par hectare, qui donnent, d'après M. de Gasparin, 4,000 kilog. de fanes séchées au soleil, et dosant 1 65 pour cent d'azote,— équivalent à 15,700 kilog. de fumier normal de ferme ou mélange de fumiers de divers animaux ; cet engrais vert aurait été obtenu dans le midi d'après le même au .

teur pour 108 fr.; ce qui rend cet engrais plus économique que le fumier de ferme obtenu dans les circonstances ordinaires d'élevage ou d'engraissement.

Voici quelques exemples de sa culture.

« M. Fleck a entrepris en grand la culture du lupin
jaune, sur terrain léger, et il a vu toutes ses espérances
surpassées. Il combat victorieusement l'opinion suivant
laquelle les lupins ne pourraient prospérer dans un
terrain appauvri, et cela, par le fait bien simple que des
terres épuisées et privées de tout engrais depuis cinq
ans, lui ont rapporté une énorme quantité de fourrage
sec de lupin : la moisson fut réellement extraordinaire,
et le fauchage s'effectua avec des instruments courts,
appelés *faux à pois*. Les lupins verts furent tassés en
bûcher, avec la précaution d'interposer une couche ce
paille de trois en trois pieds de distance ; de cette façon,
la siccité fut rendue plus rapide, et les gousses parvin-
rent à une maturité complète.

« Quant à l'usage du lupin jaune comme fourrage,
M. Fleck fait remarquer que les moutons s'y habituent
très facilement, et qu'alors toutes les parties de la plante
sont mangées par eux avec avidité. Quant aux graines,
elles sont recherchées par les chevaux, mais ne leur
conviennent que moulues et pour autant qu'elles soient
mélangées avec deux tiers de farine d'avoine.

« M. Thaer fait observer que depuis l'introduction du
lupin blanc dans la grande culture, par l'immortel Von
Wulffen, il a prêté la plus grande attention à cette légumineuse. Il en vante spécialement l'emploi comme

engrais vert, et cite des cas où son enfouissement produisait..... un très-bon effet.

Mais, à toute médaille son revers, et M. Thaer reconnaît que la conservation des graines de cette espèce est excessivement difficile. Aussi, à Moglin, le lupin bleu remplace aujourd'hui presqu'exclusivement le lupin blanc, et l'on n'a qu'à se louer de cette substitution. Le lupin bleu, en effet, fournit un fourrage d'excellente qualité et de beaucoup préféré par le bétail. En pâturage réglé, les moutons le font disparaître jusqu'à la terre, et, par cette alimentation, ils acquièrent une vivacité particulière dans le regard, une souplesse plus grande dans les mouvements, en un mot, une vigueur qu'ils chercheraient vainement dans une autre nourriture. Pour quelques espèces d'animaux herbivores, pour le cheval, par exemple, le lupin est trop nutritif, ou plutôt trop excitant, et on ne doit le lui donner qu'alternativement avec d'autres fourrages. M. Thaer parle aussi du lupin bleu comme constituant un engrais dont le prix de revient est de beaucoup en dessous de tous les autres, et il le préfère même au guano, vu la durée prolongée de son action. Enfin, il termine en annonçant que le docteur Eichhorn s'occupe activement à rechercher un principe amer qu'il croit devoir exister dans les lupins, principe qui pourrait peut-être devenir d'une grande utilité en médecine. Ces expériences viennent, on le voit, corroborer en tous points l'opinion de M. Fleck

« Mais ce n'est pas seulement en Prusse que la culture des lupins fut tentée avec succès. Dans un coin retiré de la Belgique, au château de Provédroux, près de Vielsam, et au milieu de ces bruyères immenses qui font le désespoir de l'agriculteur, s'est établi, depuis plus de dix ans, un homme éclairé dont tous les efforts ont été constamment dirigés vers un seul point, vers l'amélioration de l'état de l'économie rurale dans les Ardennes. Nous voulons parler de M. Langerman, lieutenant-général en retraite, comme ayant rendu des services signalés au sol ingrat qu'il s'est choisi pour demeure, et surtout comme y ayant introduit la culture du lupin jaune. Les résultats qu'il a obtenus jusqu'ici et qu'il a bien voulu communiquer à la Rédaction du Journal d'Agriculture pratique de Belgique, ne peuvent être lus qu'avec un intérêt que comprendront aisément les personnes placées en regard de circonstances analogues à celles de l'honorable général.

Le Journal d'Agriculture pratique de Belgique nous fournit les précieux renseignements suivants :

« Au mois de mai 1850, M. Langerman reçut des graines de lupin jaune du Mecklembourg, et il les sema immédiatement en une terre qui, depuis sept ans, n'avait pas été fumée et qui avait toujours porté de la spergule. A la fin du mois d'août suivant, les gousses, au nombre de cinq à six pour chaque plante, étaient déjà toutes formées et renfermaient environ cinq graines chacune : aussi se félicite-t-il vivement de l'introduction de cette plante fourragère dans ses cultures, lorsque dans une lettre il s'exprime ainsi : « Par sa puissance nutritive,

la fane du lupin jaune est au meilleur engrais comme
65 est à 100 ; ses graines concassées engraissent tout
bétail et surtout les moutons ; enfin enfouie en vert,
cette plante est un engrais égal au trèfle. Quel bienfait
pour notre pays ! On n'aura plus qu'à retourner les
bruyères, semer et enterrer le lupin jaune, puis planter
des racines fourragères sans engrais l'année suivante.»

« M. Langerman a continué ses essais, et aujourd'hui
son opinion est que le lupin jaune est la plante qui convient le mieux pour le district des bruyères, pour ces
terrains pauvres, ces domaines isolés, où l'on ne peut
se procurer du fumier qu'à des prix fabuleux.—La taille
de la plante arrive à deux pieds (60 centimètres) de hauteur; ses ramifications nombreuses, sa venue facile dans
un sol épuisé et où l'avoine même ne peut croître, son
pouvoir fertilisant lorsqu'elle est enfouie en vert, la
puissance nutritive de ses graines pour tous les bestiaux
en général, sont les principales raisons qui viennent
appuyer cette manière de voir. La spergule ordinaire,
Spergula arvensis, L. et la spergule géante, *S. arvensis*, L. var. *maxima,* sont même inférieures en produit au lupin jaune ; car les spergules exigent déjà un
sol d'une certaine fertilité et semées par M. Langerman, dans les mêmes conditions que le lupin, elles sont
restées chétives et leur produit a été nul.

« Ces expériences, d'une part de M. Fleck, à Beer-
baum, et de M. Thaer, à Moëglin, d'autre part, de
M. Langerman, à Provédroux, sont de nature à satis-

faire les esprits les plus rebelles aux introductions nouvelles.

« Les analyses aussi bien que les expériences pratiques que nous avons rapportées, sont claires et probantes ; elles montrent que les lupins, et principalement les lupins jaune et bleu, grâce à la forte proportion d'azote qu'ils renferment, conviennent éminemment et comme fourrage et comme engrais. Les résultats obtenus par les savants agronomes cités dans cet article, prouvent en outre la facile culture de cette légumineuse, et surtout les immenses bienfaits que procureraient son introduction et son extension dans ces contrées où un sol ingrat, aride, sablonneux, déjoue toutes les tentatives ayant pour but de l'améliorer. Aussi est-ce avec une profonde conviction de réussite, que nous engageons fortement tous les hommes qui aiment le progrès, à propager ce végétal utile dans leur grande culture. »

Columelle, en parlant des légumes, dit : « Le lupin est celui qui mérite la première attention, parce qu'il consomme le moins de journées, qu'il coûte très-peu, et que de toutes les semences c'est celle qui est la plus utile pour la terre ; car le lupin fournit un excellent fumier pour les vignes maigres, pour les terres labourables, outre qu'il vient dans les terrains épuisés, et que lorsqu'il est serré dans un grenier, il dure éternellement. On donne le grain à manger aux bestiaux pendant l'hiver, cuit et détrempé, et il leur est très-bon. Il peut être semé au sortir de l'aire, et il est le seul de tous les légumes qui n'ait pas besoin d'avoir été gardé préalablement dans le grenier. »

En effet cette plante, qu'on regarde comme indigène, procure aux départements méridionaux de la France, où elle est généralement cultivée, de très-grands avantages. Elle offre aux animaux, et surtout aux moutons, une nourriture saine et abondante ; elle sert à féconder les terres et à suppléer les engrais. Dans le besoin, elle est une ressource pour l'homme. Pline rapporte que Protogène ne vécut que de lupin, pendant qu'il était occupé à peindre un célèbre tableau. Dans certains cantons du Piémont et en Corse, les habitants l'emploient comme aliment : ils le dépouillent de son amertume par la macération.

Le lupin croît jusqu'à la hauteur de 65 centimètres ; ses rameaux épais et touffus se couvrent de beaucoup de feuilles d'un vert foncé, et tapissent si exactement la terre, que les herbes étrangères, privées d'air et de lumière, périssent sous son ombre ; il paraît soutirer de l'atmosphère tout l'engrais qui le fait végéter, en sorte qu'il rend à la terre qui le porte beaucoup plus qu'il n'en reçoit. Il se couvre en mai de grandes fleurs blanches, très-agréables à voir, auxquelles succèdent en août une gousse épaisse, renfermant cinq ou six graines blanchâtres, aplaties et amères.

Cette plante vient très-bien dans les plus mauvaises terres, les sables, les graviers, et surtout les terres rouges, toutes celles assignées à la culture du sainfoin. Il n'est point de plante qui, par sa constitution, soit plus propre à alterner les productions ; sa végétation étant très-accélérée, le lupin laisse après la récolte le temps nécessaire pour préparer la terre aux semailles d'automne. Il est de tous les végétaux celui qui exige le moins de soins. On le sème, on le couvre à la herse, et on l'abandonne jusqu'à la moisson, qui attend, sans aucun risque, la commodité du cultivateur. Ses semences mûres tiennent assez dans leurs cosses pour ne pouvoir être répandues par les pluies, par les vents, les frimas, etc.

Dans le département des Pyrénées-Orientales on sème du lupin mêlé avec du trèfle. Ce mélange n'a aucun inconvénient quand on a soin de clair-semer le lupin. Les bœufs trouvent cette nourriture très-succulente ; elle les engraisse et les fortifie mieux que tout autre fourrage. Le menu bétail au contraire la dédaigne ; il est cependant avide des jeunes tiges du lupin.

La paille du lupin est très-dure, peu appétissante, et beaucoup plus propre à former la litière qu'à servir de nourriture aux animaux. On l'emploie dans plusieurs pays pour chauffer le four ou pour la convertir en cendres. Mais le Père Meratti, habile botaniste, de l'ordre de Vallombrosa, en Toscane, ayant remarqué que sa tige est recouverte d'un certain filament semblable à celui du chanvre, essaya de la mettre dans l'eau pendant quelques jours, et la fit sécher au soleil. Il en obtint un fil qui, quoique grossier, peut servir aux mêmes usages que celui du chanvre. Cette expérience a été vérifiée plusieurs fois, et toujours avec succès ; et j'ai vu chez un cultivateur des environs de Florence la toile qu'il avait faite avec le fil du lupin. Elle est un peu grosse, il est vrai, mais elle est bonne pour les usages de la cuisine et pour l'emballage.

Si l'engrais fourni par les lupins est le moins cher, le plus facile à trouver, il est encore le plus commode à transporter, le plus aisé à répandre également sur toute la surface du sol; enfin il exclut, il détruit radicalement les mauvaises herbes, dont les fumiers ordinaires portent trop souvent les germes avec eux. Les anciens se conduisaient, pour le temps de le couper, d'après une règle très-ingénieuse. Dans les terrains légers, sablonneux, ils le coupaient vert, afin qu'il pût se convertir promptement en terreau; dans les terrains compactes, sujets à se lever par mottes, ils ne le coupaient qu'aux approches de la maturité, afin qu'il soulevât la terre, qu'il la tînt exposée à l'action des météores, et rendît plus facile la désunion de ses molécules. Il ne faut pourtant pas conclure de là que le lupin réussit bien dans l'argile pure, la glaise, et généralement les terres très-fortes; ce serait un avantage très-précieux pour la culture de ces terres, mais cet avantage n'existe point; le lupin en réunit, au reste, assez d'autres pour nous consoler de l'absence de celui-ci.

Si on était curieux, dit Rozier, de faire la comparaison de la somme nécessaire pour l'achat des engrais animaux capables de fumer un champ, et de ce que coûte l'achat de la graine de lupin, et les petits frais de culture excédents de la culture ordinaire, on verrait du premier coup-d'œil que tout l'avantage est pour le lupin, puisqu'il coûte très-peu, et que l'engrais se trouve à sa place, sur le champ même et distribué également. Je ne connais, ajoute-t-il encore, aucune plante dont la culture soit moins coûteuse ni plus avantageuse dans les pays pauvres, et même dans les bons fonds, dès qu'on les laisse en jachères.

Le seul inconvénient que l'on connaisse à cette plante, c'est qu'elle gèle assez aisément : aussi les anciens la semaient-ils en septembre ; par ce moyen elle avait assez acquis de force avant l'hiver pour résister aux gelées. Tout porte à croire que, dans la température de Paris, le vrai temps de la semer serait au printemps, après les gelées.

Le lupin est annuel. On ignore son pays natal, et, quoi qu'en dise Columelle, ses graines sont sujettes à être piquées des insectes, encore qu'elles soient tenues dans des endroits très-secs.

SECTION V.

CULTURE DE LA SPERGULE COMME FOURRAGE ET COMME ENGRAIS VERTS.

La spergule est une plante annuelle que l'on trouve communément à l'état sauvage dans les pays sablonneux. Sa tige est faible, s'élevant en rayonnant et très-variable en longueur, suivant la bonté du sol ; elle atteint parfois soixante centimètres environ : elle est couverte partout de poils visqueux, de même que toutes les autres parties vertes de la plante. A chaque nœud ou joint de la tige est un entourage complet de feuilles étroites et molles (fig. 9). Les fleurs croissent en grappes détachées, comprenant de 12 à 20 fleurs, les tiges des plus basses de ces fleurs sont pliées brusquement vers l'arrière lorsqu'elles viennent à fruit. Les pétales sont blancs, écaillés, pas plus longs que les sépales, qui eux-mêmes ont une membrane blanche au bord. — Quand le fruit est mûr, il se fend en cinq valves et décharge un grand nombre de graines noires *rondes - anguleuses* ayant une bordure membraneuse très-étroite.

Cette plante est quelquefois employée pour obtenir une récolte rapide d'herbage succulent ; mais elle est rarement cultivée.

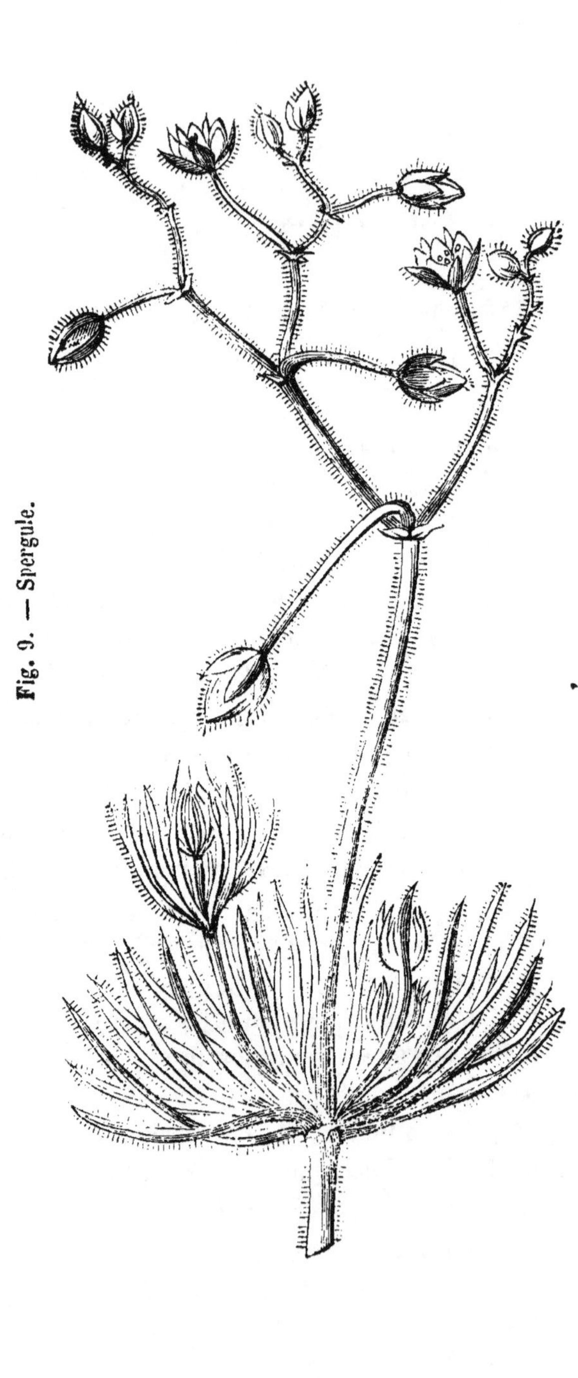

Fig. 9. — Spergule.

Une grande variété appelée spergule géante *(spergula maxima)* peut, dans les climats humides, brumeux, ou pluvieux, atteindre parfois 90 centimètres de hauteur ; mais dans les sols chauds ou secs, cette plante vient rapidement à graine et est moins productive comme fourrage. La meilleure graine vient de Riga et doit toujours être employée de préférence à la graine récoltée dans la ferme même. Les Russes et autres peuples du Nord emploient, en grand, cette plante, aussi bien comme aliment vert que comme foin. La graine doit être semée à la volée, du commencement de mars à la fin d'août, à raison de 17 kilogrammes par hectare et hersée légèrement pour son enfouissage. — On coupe la plante lorsqu'elle est en fleur, ou, si elle est laissée pour graine, aussitôt que les capsules commencent à mûrir. Les graines, toutefois, tombent si facilement qu'il en reste en terre suffisamment pour une récolte suivante. Les graines sont estimées sous le rapport de leur valeur nutritive ; elles sont concassées et données aux chevaux et vaches laitières, dont le lait, tout en augmentant de qualité, accroît aussi en quantité. Suivant les auteurs, le produit de la spergule est à peu près égal à celui d'une récolte ordinaire de trèfle, soit environ 8,634 kilog. par hectare, équivalant à 7,700 kilog. de bon foin (JOHN LINDLEY).

« Trois mois suffisent à la spergule pour croître et
« donner des graines ; au bout de six semaines seule-

« ment, on peut déjà la faire pâturer. Les terres sablon-
« neuses, légères et un peu fraîches, sont les seules où
« la spergule prospère.

« Certains cultivateurs considèrent la spergule comme
« un excellent engrais vert que l'on peut enfouir deux
« fois en une année dans le même champ. A ce titre,
« elle rendrait de bons services dans les terrains sa-
« blonneux très-maigres et même secs ; car si elle affec-
« tionne ceux qui sont un peu frais, elle n'en pousse
« pas moins dans les autres. Nous en avons une preuve
« dans le témoignage de Van Aelbrœck, qui rapporte
« qu'en Flandre on livre de loin en loin à la culture
« de la spergule des terres très-sèches, où l'on ne ré-
« colte que peu de trèfle. » — « Il y a deux espèces de
« spergule, dit-il : la grande appelée aussi *spergule
« française*, et la petite, nommée *spergule de Brabant*.
« Cette dernière est de beaucoup inférieure à l'autre et
« d'un rapport moindre...

« Cette plante mûrit en six semaines, et après on
« sème des navets ou on plante des pommes de terre.

« On sème aussi la spergule dans le chaume du fro-
« ment ou du seigle, et elle est mûre à la fin du mois de
« septembre. On la fauche au commencement d'octobre,
« ou bien on l'arrache, après quoi on sème le seigle ou
« bien on laboure le champ pour les marsages.

« La grande spergule, continue Van Aelbrœck, peut
« produire de dix à douze voitures par 45 ares. Il y a
« beaucoup de fermiers qui ne veulent pas cultiver la
« spergule, parce que, disent-ils, elle amène trop d'i-

« vraie, dont les champs sont encore infestés deux ou
« trois ans après. »

    « Nous ne savons si le fait est exact : dans le Luxem-
« bourg il n'en est pas question ; on reproche seulement
« à la spergule de se multiplier trop facilement et de
« rendre ainsi très malpropres les champs où on l'a se-
« mée une première fois. Il nous semble qu'il serait
« facile de prévenir cet inconvénient. N'attendez pas la
« mise à graine de la plante, faites-la pâturer et faucher
« un peu plus tôt que de coutume, et assurément elle ne
« se reproduira plus de semence. » (*P. J. Feuille du
Cultivateur, 1835.*)

TABLE

		Pages.
Avertissement		v
Introduction		7

Section 1re. — *De l'amélioration du sol par les engrais verts.*

Chapitre 1er. — De la pratique du moyen proposé. . 19

Chapitre II. — Des engrais verts en général.

§ 1er. Principes de leur emploi. 20
§ 2. Des divers engrais verts 29

Chapitre III. — Des engrais verts à enfouir sur place.

§ 1er. Engrais chaumes-racines. 30
§ 2. Engrais semés pour être enfouis ou engrais verts proprement dits. 31

Chapitre IV. — Des engrais verts, débris de végétaux 33

Section II. — *Culture de la moutarde blanche.*

PREMIÈRE PARTIE. — ÉTUDE DE LA PLANTE.

CHAPITRE Iᵉʳ. — Caractères divers.

§ 1ᵉʳ. Caractères botaniques. 38
§ 2. Caractères physiques de la moutarde.. . . 40
§ 3. Caractères culturaux.. 41
§ 4. Composition chimique. 44

CHAPITRE II. — Emplois divers.. 46

DEUXIÈME PARTIE. — CULTURE DE LA MOUTARDE BLANCHE POUR FOURRAGE.

CHAPITRE Iᵉʳ. — Valeur de ce fourrage.

§ 1ᵉʳ. Qualités nutritives.. 47
§ 2. Circonstances propres à son emploi ; place dans l'assolement. 48

CHAPITRE II. — Travaux de culture.

§ 1ᵉʳ. Ensemencement.. 49
§ 2. Récolte 51

TROISIEME PARTIE. — CULTURE DE LA MOUTARDÉ POUR ENGRAIS VERTS.

CHAPITRE Iᵉʳ. — Valeur de la moutarde comme engrais. 52

CHAPITRE II. — Travaux de culture de la moutarde blanche destinée à servir d'engrais vert.

§ 1ᵉʳ. Ensemencement.. 53
§ 2. Enfouissement.. 54

Section III. — *Culture du sarrazin.*

PREMIÈRE PARTIE. — ÉTUDE DE LA PLANTE.

CHAPITRE I⁰ʳ. — Caractères divers.

§ 1ᵉʳ. Caractères botaniques. 55
§ 2. Caractères physiques 58
§ 3. Caractères culturaux. 59
§ 4. Composition chimique. 61

CHAPITRE II. — Emplois du sarrazin.

§ 1ᵉʳ. Emploi des graines. 63

DEUXIEME PARTIE. — CULTURE DU SARRAZIN POUR FOURRAGE.

CHAPITRE I⁰ʳ. Valeur du sarrazin comme fourrage.. .

§ 1ᵉʳ. Qualités *nutritives* 68
§ 2. Production. 70
§ 3. Circonstances propres à son emploi et place dans l'assolement.. 71

CHAPITRE II. — Travaux de culture.

§ 1ᵉʳ. Ensemencement.. 71
§ 2. Récolte 75

TROISIÈME PARTIE.

Culture du sarrazin pour engrais vert. 78

Section IV. — *Culture du lupin blanc.*

CHAPITRE 1ᵉʳ. — Étude de la plante.

§ 1ᵉʳ. Caractères botaniques. 79
§ 2. Caractères culturaux. 80

§ 3. Composition chimique.   81

CHAPITRE II. — Culture du lupin blanc comme fourrage
ou engrais vert. . . . . :.   82

Section V. — *Culture de la spergule comme fourrage
et comme engrais vert*..   91

EXTRAIT DU CATALOGUE

DE LA

LIBRAIRIE CENTRALE D'AGRICULTURE

ET DE

JARDINAGE

Quai des Grands-Augustins, 41, à Paris

Auguste GOIN, éditeur

BIBLIOTHÈQUE RURALE

PUBLIÉE

PAR LES RÉDACTEURS DE L'AGRICULTEUR PRATICIEN (1).

Ouvrages en vente :

Drainage. L'art de tracer et d'établir les drains, par J. GRAND-
VOINNET, ingénieur, professeur de génie rural à Grignon.
1 vol. in-18, avec 150 fig. dans le texte.......... 3 »

**Traité élémentaire des champignons comestibles et vé-
néneux**, par DUPUIS, professeur de botanique à Grignon.
1 vol. in-18 avec 8 planches coloriées.......... 1 75

Amendements et Prairies, *Traité populaire* extrait des
œuvres de JACQUES BUJAULT. 1 vol. in-18.......... » 60

Du bétail en ferme, *Traité populaire* extrait des œuvres de
JACQUES BUJAULT. 1 vol. in-18.................. » 60

**Le Fumier de Ferme élevé à sa plus haute puissance
de fertilisation** *et n'étant plus insalubre*, par QUENARD.
2ᵉ édit., in-18............................... 1 25

(1) L'*Agriculteur praticien*, revue de l'agriculture française et étrangère,
publié sous la direction de M. Grandvoinnet, professeur de génie rural à
Grignon, paraît les 10 et 25 de chaque mois par livraisons de 24 pages,
avec de nombreuses gravures dans le texte. Prix de l'abonnement, 6 fr.
Les abonnements commencent avec le 1ᵉʳ octobre de chaque année.

Système Guénon *en forme de Catéchisme*, à l'usage des élèves des fermes-écoles, par Anacharsis Combes. In-18.. » 30

Guide du Pisciculteur, d'après des notes et des documents fournis par J. Remy, pêcheur de la Bresse, recueillis, rédigés et publiés par le Dr Haxo. 1 vol. in-18 avec gravures.   1 50

Guide de l'éleveur de poules, poulets, etc., par J. Allibert, professeur de zootechnie, à Grignon. 1 vol. in-18... » 75

Guide de l'Éducateur de lapins ou *Traité de la race Cuniculine*, par Mariot-Didieux. 1 vol. in-18......... » 75

Guide de l'Éleveur d'abeilles, par De Frarière. In-18 avec figures.. » 75

Guide de l'Éleveur de pigeons de colombier et de volière, par Mariot-Didieux. 1 vol. in-18............... » 75

Guide de l'Éleveur de dindons et de pintades, par le même. 1 vol. in-18.. » 75

Petit Traité des Irrigations, par James Donald, trad. par A. de Frarière. 1 vol. in-18 avec gravures........ » 50

Visite à un véritable Agriculteur-Praticien, par Durand-Savoyat, propriétaire-cultivateur. 1 vol. in-18..... 1 25

Du maïs, de sa culture et des divers emplois dont il est susceptible, par W. Keene et A. de Thier In-18...... » 30

La Laiterie, suivi de la fabrication du beurre et des fromages, par A. de Thier. 1 vol. in-18 avec fig. dans le texte. » 75

Manuel d'irrigation, par Deby. 1 vol. in-18 avec 100 fig. dans le texte.. 1 50

Moutons (*Guide de l'éleveur et de l'engraisseur de*), par J. Legendre, agriculteur. 1 vol. in-18............... 1 »

Porcs (*Du traitement des*) aux différentes époques de l'année, suivant leur âge, en santé et maladies. — *Naissance, Sevrage, Élevage, Engraissement, Mort*. — Extrait des meilleurs ouvrages anglais, et traduit par J. A. G. 1 vol. in-18 avec 30 grav. dans le texte......................... 1 25

Porcheries (*De l'établissement des*), dispositions diverses, construction, par J. Grandvoinnet, professeur de génie rural à Grignon. 1 vol. in-18 orné de 80 grav. dans le texte.   2 50

Abeilles (*De l'éducation des*), ou *Apiculture*, par P. Joi-

GNEAUX. 1 vol. in-18.............................. 1 25

Lapin domestique (*Traité pratique de l'éducation du*), par F. ALEXIS ESPANET. 1 vol. in 18, 2ᵉ édit............. 1 »

Poules (*Traité pratique de l'éducation des*), des **dindes**, des **oies**, des **canards**, par le même auteur. 1 vol. in-18.................................. 1 »

Alcoolisation des tiges du maïs et du sorgho sucré, par DURET. In-18.............................. » 75

Récoltes dérobées (*Des*) comme fourrages et engrais verts en général, et de la culture de la MOUTARDE BLANCHE en particulier, trad. de l'anglais et annoté par J. A. G. 1 vol. In-18 avec fig................................. » 75

Topinambour (*Du*), Culture, alcoolisation, panification de ce tubercule, par DELBETZ, cultivateur. 1 vol. in-18.. 1 25

Guide de l'éleveur de vers à soie, par MM. GUÉRIN-MÉNEVILLE et EUGÈNE ROBERT. 1 vol. in-18 avec fig... » 75

AGRICULTURE.

Abeilles (*Traité de l'Education des*), par DE FRARIÈRE. In-18.............................. 3 50

Abeilles (*Guide de l'éleveur d'*), par DE FRARIÈRE. 1 vol. in-18 avec figures.......................... » 75

Abeilles (*De l'éducation des*) ou *Apiculture*, par P. JOIGNEAUX. 1 vol. in-18.......................... 1 25

Agriculteur Praticien (L'), *Revue de l'Agriculture française et étrangère*, 3ᵉ année. Prix de l'abonnement.,. 6 »
Les 1ʳᵉ et 2ᵉ années, 6 fr. chaque.

Jacques Bonhomme, almanach du fermier pour 1856, 1ʳᵉ année. 1 vol. in-18 avec fig. dans le texte....... » 50

Amendements et Prairies *Traité populaire extrait des œuvres de* Jacques BUJAULT. 1 vol. in-18........... » 60

Animaux (*Recherches expérimentales sur l'alimentation et la respiration des*), par J. ALLIBERT, professeur de zootechnie à Grignon. In-8, accompagné d'un tableau et d'un modèle d'appareil.......................... 4 50

Apiculture perfectionnée (L') ou *Théorie et application* *pratique de la direction des rayons*, par **J. Greslot.** 1 vol. in-18 avec un pl...................................... 1 50

Apiculture (*Petit traité d'*) ou *Art de soigner les Abeilles* par **Hamet.** 1 vol. petit in-18, 30 fig............... » 60

Bétail en ferme (*du*), extrait des œuvres de Jacques Bu-jault. 1 vol. in-18.. » 60

Cailles d'Europe (*Instruction pratique pour élever les*), d'Amérique (ou çolins), les **Perdrix grises ou rouges**, par l'abbé **Allary.** 1 vol. in-18 avec fig. dans le texte... 1 25

Canards, Voir *l'Education des Poules*, par **Alexis Espanet.**

Champignons comestibles et vénéneux (*Traité élémentaire des*), par A. **Dupuis**, professeur de botanique à Grignon. 1 vol. in-18 avec 8 planches coloriées.............. 1 75

Chimie agricole (*Traité de*) à la portée de tous les cultivateurs, par P. **Joigneaux.** 1 vol. in-18............ 2 25

Dindes, Voir *l'Education des Poules*, par **Alexis Espanet.**

Dindons et Pintades (*Guide de l'éleveur de*), par **Mariot-Didieux.** 1 vol. in-18.................................. » 75

Drainage. L'art de tracer et d'établir les drains, par **Grand-voinnet**, ingénieur, professeur de génie rural à Grignon. 1 vol. in-18 avec 150 fig. dans le texte............ 3 »

Engrais (*Des*) en général et spécialement de la manière de traiter les fumiers et le purin, et suivi de la manière de traiter les matières fécales, par **Greff.** In-8°............... » 40

Engrais (*Des*) ou l'art d'améliorer les plus mauvaises terres par les amendements et les engrais de toute nature, par **Du-coin.** In-18.................................... 1 25

Fumier de ferme (*Le*) élevé à sa plus haute puissance de fertilisation et n'étant plus insalubre, par **Quénard**, propriétaire-agriculteur. 1 vol. in-18, 2ᵉ édition.......... 1 25

Irrigation (*Manuel d'*), par **Deby.** In-18, 100 fig... 1 50

Irrigations (*Petit traité des*), par **James Donald**, traduit par A. **de Frarière.** In-18 avec figures........... » 50

Laiterie (*La*), suivie de la fabrication des fromages, par A. **de Thier.** 1 vol. in-18 avec fig.................... » 75

Lapins (*Guide de l'éducateur de*) ou *Traité de la race Cuniculine*, par **Mariot-Didieux.** In-18................ » 75

Lapin domestique (*Traité pratique de l'éducation du*), par F. ALEXIS ESPANET. 1 vol. in-18, 2ᵉ *édit.* .... 1 »

Maïs (*Du*), de sa culture et des divers emplois dont il est susceptible, par KEENE et A. DE THIER. In-18 .... » 30

Maïs et sorgho sucré (*Alcoolisation des tiges du*). Alcool· — Cidre. — Bière. — Vins artificiels, par DURET, chimiste. In-18 .... » 75

Mécanique agricole (*Traité complet de*), par J. GRAND-VOINNET, ingénieur, professeur de génie rural à Grignon. Ouvrage destiné aux élèves des écoles d'agriculture et des écoles normales primaires, aux fermiers, aux propriétaires et aux constructeurs d'instruments. — Cet ouvrage paraîtra simultanément en trois séries de la manière suivante :

PREMIÈRE SÉRIE.

1ʳᵉ *livraison*. — Du mouvement et de ses causes.
4ᵉ *livraison*. — Des charrues. — Détails et modèles divers.

DEUXIÈME SÉRIE.

2ᵉ *livraison*. — Des forces et de leur travail.
5ᵉ *livraison*. — Des instruments de division et de compression du sol. — Des instruments propres à la récolte : moissonneuses, charrettes, chariots, etc.

TROISIÈME SÉRIE.

3ᵉ *livraison*.—Mécanique matérielle : de l'assujettissement et des machines simples.
6ᵉ *livraison*. — Des instruments pour la préparation des récoltes, machines à battre, tarares, trieurs, coupe-racines, concasseurs.
La publication est faite ainsi dans le but d'allier la théorie à la pratique et de satisfaire à l'ordre de l'enseignement suivi à l'École impériale d'agriculture de Grignon.
Chaque série, non divisible, sera du prix de 3 fr. 50.·

Moutons (*Guide de l'éleveur et de l'engraisseur de*), par J. LEGENDRE, agriculteur. 1 vol. in-18 .... 1 »

Oies, VOIR l'*Éducation des Poules*, par ALEXIS ESPANET.

Pigeons de colombier et de volière (*Guide de l'éleveur de*), par MARIOT-DIDIEUX. In-18 .... 1 »

Pisciculteur (*Guide du*), d'après des notes et documents fournis par J. Rémy, pêcheur de la Bresse, recueillis, rédigés et publiés par le docteur Haxo. In-18 avec gravures . 1 50

Pisciculture. Rapport sur le repeuplement des cours d'eau et sur les travaux de pisciculture de M. Millet, suivi des *Etudes sur les Fécondations artificielles des œufs de poissons,* par MM. de Quatrefages et Millet. In-8°.......... 1 25

Plantes racines (*De la culture des*), par Max Ledocte; 1 vol. in-18 avec fig........................... 1 50

Porcheries (*De l'établissemunt des*), dispositions diverses, construction, par J. Grandvoinnet, professeur de génie rural à Grignon. 1 vol. in-18 orné de 80 grav. dans le texte. 2 50

Porcs (*Du traitement des*) aux différentes époques de l'année, suivant leur âge, en santé et maladies. — *Naissance, Sevrage, Elevage, Engraissement, Mort.* —Extrait des meilleurs ouvrages anglais, et traduit par J.-A. G. 1 vol. in-18 avec 30 grav. dans le texte..................... 1 25

Poules (*De l'éducation des*), des **dindes**, des **oies**, des **canards**, par F. Alexis Espanet. 1 vol. in-18....... 1 »

Poules et Poulets (*Guide de l'éleveur de*), par J. Allibert, professeur de zootechnie à Grignon. 1 vol. in-18..... » 75

Récoltes dérobées (*Des*) comme fourrages et engrais verts en général, et de la culture de la Moutarde blanche en particulier, trad. de l'anglais et annoté par J. A. G. 1 vol. n-18 avec fig............................... » 75

Système Guénon *en forme de catéchisme,* à l'usage des élèves des fermes-écoles, par Anacharsis Combes, président du Comice agricole de Castres. In-18.............. » 30

Topinambour (*Du*), Culture, alcoolisation, panification de ce tubercule, par Delbetz, cultivateur. 1 vol. in-18 1 25

Vers à soie (*Manière la plus profitable d'élever les*) et sur les moyens de prévenir et guérir la muscardine, par le docteur Bassi, traduit de l'italien par F. Cazalis, médecin. In-8°. 1 »

Vers à soie (*Guide de l'éleveur de*), par MM. Guérin-Méneville et Eugène Robert. 1 vol. in-18 avec fig...... » 75

Visite à un véritable agriculteur praticien, par Durand-Savoyat, propriétaire-cultivateur. 1 vol. in-18. 1 25

BIBLIOTHÈQUE DE L'HORTICULTEUR ET DE L'AMATEUR.

OUVRAGES PUBLIÉS

Almanach du jardinier-fleuriste, pour 1856, suivi de quelques notes sur le jardin potager; 3ᵉ année. 1 vol. in-18, avec fig. dans le texte................................... » 50

Arboriculture (*Pratique raisonnée de l'*), par Picot-Amette, horticulteur. 1 vol. in-18 avec 12 planches......... 2 50

Arbres fruitiers (*De la culture des*), par P. Joigneaux. 1 vol. in-18 avec fig.......................... 1 25

Arbres fruitiers (*Instruction élémentaire sur la plantation des*), par Lachaume. 1 vol. in-18 orné de 20 fig. dans le texte .... » 75

Asperges (*Instruction pratique sur la plantation des*), par Bossin, 2ᵉ édition. 1 vol. in-18.................... » 75

Camellias (*Traité de la culture des*), par J. de Jonghe, 2ᵉ édition. 1 vol. in-18......................... 1 »

Culture potagère (*Nouveau Traité de*), par P. Joigneaux. 1 vol. in-18......................... 2 25

Jardinier-Fleuriste pour 1858 (*Guide du*), ou *Instructions pratiques* sur la culture des plantes de pleine terre, annuelles et bisannuelles, vivaces, arbustes et arbrisseaux; par J. Lachaume, ancien jardinier en chef de Petit-Bourg. 1 vol. in-18, orné d'un très-grand nombre de fig. dans le texte..................................... 3 50

Melons (*Culture des*). Méthode simple et précise pour obtenir les melons d'une grosseur extraordinaire, etc., par Dufour de Villerose. 1 vol. in-18 avec 5 grav. pour l'explication des tailles.................................. » 75

Pêcher en espalier (*Instructions pratiques sur la culture du*), par Lasnier, horticulteur. In-18............... » 50

24 NUMÉROS PAR AN POUR 6 FR.

L'AGRICULTEUR PRATICIEN

REVUE DE

l'Agriculture française et étrangère :

Culture des terres et des forêts, — Assainissement, — Irrigations, — Engrais et Amendements, — Arts agricoles, — — Economie et médecine rurales, — Actes officiels, — Faits divers, — Sciences appliquées, — Revue commerciale;

PUBLIÉ SOUS LA DIRECTION DE

M. J. GRANDVOINNET,

Professeur de génie rural à Grignon.

NOUVELLE SÉRIE. — 3ᵉ ANNÉE.

L'Agriculteur praticien paraît le 10 et le 25 de chaque mois. Les abonnnements datent du 1ᵉʳ octobre de chaque année.

PRIX DE L'ABONNEMENT POUR L'ANNÉE.

Paris et les départements.. . . . . . . 6 fr. » c.
Piémont, Savoie et Suisse.. 6   50
Belgique, Espagne, Portugal et Colonies. 7   50

MODES D'ABONNEMENT.

1° Envoyer **sans affranchir** un bon de poste ou un mandat à vue sur Paris et sur **papier timbré** à l'ordre de M. GOIN, éditeur du journal, quai des Grands-Augustins, 41 ;

2° S'adresser à tous les libraires de France et de l'étranger et aux bureaux des Messageries générales et Impériales.

Paris. — Imprimerie de J.-B GROS, rue des Noyers, 74

BIBLIOTHÈQUE RURALE
PUBLIÉE PAR LES RÉDACTEURS DE L'AGRICULTEUR PRATICIEN[1]

DRAINAGE. *L'art de tracer et d'établir les drains*, par J. GRANDVOINNET, in-18 avec 160 fig. .... 3 »

AMENDEMENTS ET PRAIRIES, *Traité populaire* extrait des œuvres de JACQUES BUJAULT, 1 vol. in-18 .... » 60

DU BÉTAIL EN FERME. *Traité populaire* extrait des œuvres de JACQUES BUJAULT, 1 vol. in-18 .... » 60

LE FUMIER DE FERME élevé à sa plus haute puissance de fertilisation, par QUENARD, 2e édit. in-18 .... 1 25

SYSTÈME GUÉNON *en forme de catéchisme*, à l'usage des élèves des fermes-écoles, par ANACHARSIS COMBES. In-18. » 30

GUIDE DU PISCICULTEUR, par J. RÉMY, et le Dr HAXO. 1 vol. in-18 avec gravures. 1 50

TRAITEMENT DES PORCS, aux différentes époques de l'année, traduit de l'anglais, par J. A. G. in-18, 30 fig. 1 25

GUIDE DE L'ÉDUCATEUR DE LAPINS, ou *Traité de la race Cuniculine*, par MARIOT-DIDIEUX, vétérinaire. 1 vol. in-18 » 75

GUIDE DE L'ÉLEVEUR D'ABEILLES, par DE FRARIÈRE. In-18 avec figures. .... » 75

GUIDE DE L'ÉLEVEUR DE PIGEONS DE COLOMBIER ET DE VOLIÈRE, par MARIOT-DIDIEUX, vétérinaire. 1 vol. in-18 » 75

GUIDE DE L'ÉLEVEUR DE DINDONS ET DE PINTADES, par MARIOT-DIDIEUX. 1 vol. in-18 .... » 75

GUIDE DE L'ÉLEVEUR ET DE L'ENGRAISSEUR DE MOUTONS, par J. LEGENDRE. 1 vol. in-18 avec fig. .... 1 »

VISITE A UN VÉRITABLE AGRICULTEUR PRATICIEN, par DURAND-SAVOYAT, propriétaire-cultivateur. 1 vol. in-18. 1 25

PETIT TRAITÉ DES IRRIGATIONS, par James Donald, trad. par A. DE FRARIÈRE. 1 vol. in-18 avec gravures. .... » 50

TRAITÉ ÉLÉMENTAIRE DES CHAMPIGNONS COMESTIBLES ET VÉNÉNEUX, par A. DUPUIS, in-18, 8 pl. col. 1 75

GUIDE DE L'ÉLEVEUR DE POULES, POULETS, etc., par ALLIBERT, professeur de zootechnie à Grignon. 1 v. in-18. » 75

ALCOOLISATION DES TIGES DU MAÏS ET DU SORGHO SUCRÉ par DURET, chimiste. in-18 .... » 75

DU MAÏS, de sa culture et des divers emplois dont il peut être susceptible, par W. KEENE et A. DE THIER. in-18.... » 30

MOYENS DE FAIRE PRODUIRE A LA CAILLE DE TRENTE-CINQ A QUARANTE PETITS ET A LA PERDRIX DE CINQUANTE-CINQ A SOIXANTE (en domesticité), par M. l'abbé ALLARY. 1 vol. in-18 .... 1 25

LA LAITERIE, suivi de la fabrication des fromages, par P. A. DE THIER. In-18 avec fig. .... » 75

MANUEL D'IRRIGATION, par DEBY, 1 vol. in-18 avec 100 fig. dans le texte. 1 50

(1) **L'Agriculteur praticien**, Revue de l'Agriculture française et étrangère. 24 numéros par an, avec figures dans le texte. — Prix : 6 fr.

Sèvres. — M. CERF, imprimeur-libraire.